U0241621

思
享

黎元為先

中国灾害史研究的历程、现状与未来

闵祥鹏 主编

徐清　赵玲　王晋文　杨艺帆 副主编

生活·讀書·新知 三联书店

图书在版编目（CIP）数据

黎元为先：中国灾害史研究的历程、现状与未来 / 闵祥鹏主编. —北京：生活 · 读书 · 新知三联书店，2020.9
ISBN 978-7-108-06813-2

Ⅰ. ①黎…　Ⅱ. ①闵…　Ⅲ. ①自然灾害-历史-研究-中国-古代
Ⅳ. ① X432-092

中国版本图书馆 CIP 数据核字（2020）第 058099 号

责任编辑　张　龙
装帧设计　薛　宇
责任印制　徐　方
出版发行　生活 · 讀書 · 新知 三联书店
　　　　　（北京市东城区美术馆东街 22 号 100010）
网　　址　www.sdxjpc.com
经　　销　新华书店
印　　刷　河北鹏润印刷有限公司
版　　次　2020 年 9 月北京第 1 版
　　　　　2020 年 9 月北京第 1 次印刷
开　　本　880 毫米 × 1092 毫米　1/32　印张 9.625
字　　数　223 千字　图 37 幅
印　　数　0, 001-3, 000 册
定　　价　49.00 元
（印装查询：01064002715；邮购查询：01084010542）

序

程民生

1937年，岁在丁丑。

在多灾多难的河南，在古色古香的开封，在底蕴深厚的河南大学，发生了一系列事件。这些事件的结果可以归纳为：出了本书，抓了个学生。事主，都是一位来自福建的热血青年。

那么，这有何稀奇呢？出书在大学不算大事，军警抓人也是家常便饭，热血青年更是遍布校园内外，所以在狼烟四起的当时动静不大。但是，却有着深远的影响。

当是时也，抗日战争全面爆发在即，饥荒蔓延、积贫积弱的中国内忧外患，危在旦夕。广大知识分子前所未有地忧国忧民，因手无寸铁又无缚鸡之力，大多只能发挥专长，写书发扬传统文化。有一名为邓云特的河南大学经济系学生激愤难捺，才华迸发，用了将近一年的工夫，在这年的6月写成一部专著《中国救荒史》。仅此，远不足以排遣其爱国的满腔热忱，同时他还奋不顾身地投入救亡运动，在开封中华民族解放先锋队担任总队长。书刚完成不久，该组织遭到国民党特务的破坏，邓云特也在河南大学七号楼刚刚结束期末考试、走出考场从北门下楼时被捕。至今，这里立有石碑纪念此事。很快爆发了七七事变，政治风向转变，又有多方营救，邓云特被释放，遂奔赴抗日前线，从此走向了职业革命家的道路。他就是后来历任人民日报社社长兼总编辑、全国新闻工作者协会主席、中共北京市委书记处书记等职的邓拓。当年11月，《中国救荒史》在商务印书馆出版，作为第一部具有现代学科意义的中国灾荒史，它是具有奠基性的扛鼎之作，从此开启了现代中国灾害史研究的序幕。该书“首次完整勾勒了中国上古至民国时期的灾情、历代救荒思想和政策的演变状况，是一部具有中国灾害通史性质的著作。该书的出现，既立足于此前灾害史研究的基础之上，又全面贯穿了马克思主义史学视角，是民国年间灾害史研究的集大成之作，其社会知名度至今不衰”[1]。尘埃落定的80余年后，学术界有如此评价，足见其学术史地位。

悲惨的灾害史是冰冷的史实、凄凉的学问，这就要求研究者充满热情，有一定的心理承受力，富于悲悯的人文情怀。邓拓早已成为历史，中国灾害史研究却已折桂成林，蔚为大观，有必要对中国灾害史研究做一学术史的回顾，仍然需要额外的人文情怀。本书主编者以邓拓《中国救荒史》出版80年为契机，筹措经费，带队辗转数地，费时一年，采访了当今中国灾害史研究界10位著名学者，通过他们的学术经历与思考，反映学科研究的历程与理念，希望能构建中国灾害史研究的新框架，从而为学界未来的进一步发展做出贡献。有“重回首”与“再出发”的意思。

这本书可以说是中国灾害史研究的学术史，窃以为有独树一帜的研究方法，另辟蹊径的研究思路，其中附录的《中国灾害史研究著作年表》尤为新颖。这是对河南大学学术传承的担当，也是对中国灾害史学界的担当。当今之世，能有如此担当精神的青年知识分子，弥足珍贵，令人钦佩。80年的时光两

---

〔1〕 朱浒《中国灾害史研究的历程、取向及走向》，《北京大学学报》（哲学社会科学版）2018年第6期。

端，是先贤筚路蓝缕，是才俊接轨继武，河南大学幸哉！邓拓先生在天之灵有知，岂不慰哉快哉？

民生与祥鹏教授的办公室同在一楼，经常碰面，虽单位不同，学界有异，年龄差距更大，接触不多，但其沉潜诚挚，一看就是做学问的好料。事实上他已经成果累累，实为学界新秀。今承蒙不弃，邀为作序，与有荣焉。还要感谢祥鹏教授的是，使我有了一次了解、学习中国灾害史学科、学界的机会，灾害史研究者强烈的问题意识以及理论思考、概念体系、科学方法等，给我留下了深刻印象，其视野之开阔、思路之敏捷，以及经世致用的传统，更使我受益匪浅。

相信本书的学术价值以及学术之外的价值会使更多人受益，相信祥鹏教授的学术征途会更上层楼，相信中国学术界终将金声玉振。是为祷，是为序。

2019 年 10 月 16 日于河南大学

目　录

前 言

“水旱霜蝗之变，何世无之？”这是中国现存第一部救荒书《救荒活民书》的开篇语，道出了中华民族五千年灾难频仍的风雨历程。早在古史传说的英雄时代，华夏民族便开始了与灾难奋争的历程。女娲补天、大禹治水、后羿射日等神话传说的背后，不仅承载着华夏先民直面灾难以图自救的痛苦记忆，也是在讲述中华民族战胜灾难延续文明的辉煌故事。

中华文明的历史，就是与灾难做抗争的历史。与世界上的诸多文明一样，华夏文明起源亦与洪水相关。《尚书·尧典》中记载：“汤汤洪水方割，荡荡怀山襄陵，浩浩滔天。”大禹治水

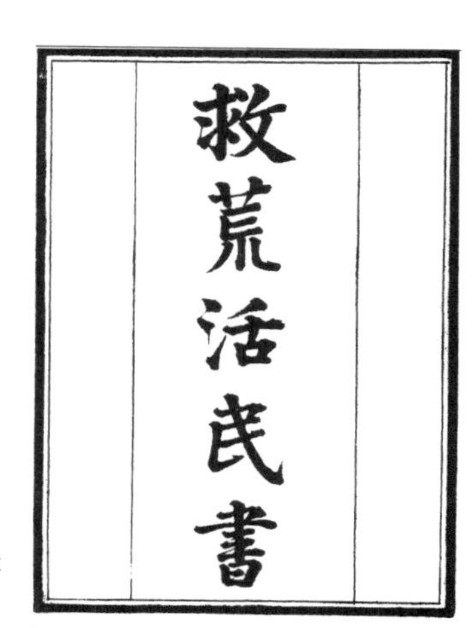

《救荒活民书》民国十一年上海博古斋影印本

序

臣聞水旱霜蝗之變何世無之然救荒無術則民有流離餓
莩轉死溝壑之患臣不才叨嘗竊祿先朝富弼活河朔飢民
五十餘萬私心以爲賢於中書二十四考遠矣困處閭閻熟
覩民間利病與夫州縣施行之善否心口相誓異時獲預從
政願少攄活民之志於是編次歷代荒政釐爲三卷上卷考
古以證今中卷條陳今日救荒之策下卷則備述本朝名臣
賢士之所議論施行可鑒可戒可爲矜式者以備緩急觀覽
名曰救荒活民書然半生奇蹇晚叨一第而憂患熏心齒髮
疎落深恐蒲柳之資不任風雪則臣之素志無由獲伸謹繕
寫進呈伏望聖慈萬機餘閒俯賜乙夜之覽倘或可備採擇

救荒活民書序 一

《救荒活民书》序，民国十一年上海博古斋影印本之后，中国第一个王朝——夏建立。夏商周三代是东亚早期文明的巅峰，而三代更迭，又无一不与灾变有着密切联系。《国语·周语上》记载："'昔伊、洛竭而夏亡，河竭而商亡。……'是岁也，三川竭，岐山崩。十一年，幽王乃灭，周乃东迁。"华夏文明的起源在某种程度上也体现了汤因比所提到的"挑战与应战"理论。也正是在与灾难的一次次奋争中，中华民族如雨后苍松越发葱郁挺拔，华夏文明之基越发根深本固。

基于灾害对早期人类及人类社会发展的重要影响，自有文字记录之时，灾害资料就被大量保留了下来，不仅存在于正史、类书、典志、实录中，还存于农书、方志、救荒书、时令书、占候书、水利防洪书等多种类目的书籍中。尤其是从《汉书》开始，大量的灾害事件作为灾异的一部分被系统整理到正史的《五行志》中，并依据五行哲学思想进行分类。这一整理思路多为历代正史所沿袭，"二十五史"中的《后汉书》《晋书》《宋书》《南齐书》《隋书》《旧唐书》《新唐书》《旧五代史》《宋史》《金史》《元史》《明史》等都编写有《五行志》。《魏书》则将其整理在《灵征志》,《清史稿》整理在《灾异志》中，不过虽然名称稍有变化，记录的一个主要内容都是水灾、旱灾、地震、火灾、虫灾、疫病等各类灾害的发生情况。另外，在部分正史的《河渠志》《食货志》《天文志》中也有关于洪患、饥荒、天气异常灾害的资料。但最为系统整理各个时代灾害资料的还是多数正史中的《五行志》。除了正史之外，类书同样大量整理有不同时期的灾害史料，比如唐代欧阳询编《艺文类聚·灾异部》，宋代李昉等编《太平御览·咎征部》，宋代王钦若等编《册府元龟》中《帝王部·弭灾》《帝王部·恤下》《闰位部·惠民》，清代陈梦雷、蒋建钧等编《古今图书集成》中的《庶征典·地异部》《庶征典·丰歉部》《庶征典·雨灾部》《食货典·荒政部》等都系统整理了大量的灾害资料。典志是分类、系统、全面汇编我国历代典章制度的史籍，其中编有专门赈济救助的史实以及防灾救灾机构沿革的内容。如杜佑《通典·食货志》、郑樵《通志·灾祥略》、马端临《文献通考》中的《市籴考》《国用考·赈恤》《物异考》，这也多为后世的《续通典》《续通志》《续文献通考》《清朝通典》《清朝通志》《清朝文献通考》《清朝续文献通考》等沿用。典志中的另一类为会要，其中宋代王溥《唐会要》《五代会要》中都专门列有水、火、虫等灾害的条目，徐天麟的《西汉会要》《东汉会要》在食货部分里都专列《荒政》内容，清代徐松《宋会要辑稿》列有《瑞异》篇等，龙文彬的《明会要》有《祥异》篇等。[1]古人对灾的重视与灾异思想相关，即将灾视为上天对君主的谴告："国家将有失道之败，而天乃先出灾害以谴告之，不知自省，又出怪异以警惧之，尚不知变，而伤败乃至。以此见天心之仁爱人君而欲止其乱也。"[2]这就是历代统治者尊奉的天人感应的灾异天谴说。在这种观念下，上天通过灾异警示君主，君主通过修德消灾回应上天谴告。[3]汉代以后，天灾由塑造神权威严的现实表征，转变为整肃政治秩序与规范伦理道德的征兆，具有复杂的政治内涵与宗教哲学色彩。[4]因此，灾异应对直接关乎古代政权的稳固。同时，长期以来古人记灾也缺乏科学与理性的认识。

---

〔1〕闵祥鹏《历史时期灾害资料整理的图书文献来源》，《前沿》2011年第13期，第24页。

〔2〕《汉书》卷56《董仲舒传》，中华书局，1962年，第2498页。

〔3〕闵祥鹏《柳宗元与中唐的灾害新思维》，《中州学刊》2011年第4期，第170—173页。

〔4〕闵祥鹏《帝降、天降与天谴：天灾观念源流考》，《世界宗教研究》2018年第3期，第60页。

直至1937年，第一本以现代科学思维撰写的救荒史著作方才真正出现，即邓云特（拓）先生撰写的《中国救荒史》。该书的撰写同样有着极其深刻的历史背景。当时正值七七事变爆发前夕，战乱与饥荒的阴云笼罩着内忧外患、积贫积弱的中国。平津危急！华北危急！中华民族危急！无数志士仁人正时刻关注着国家的前途和民族的命运，万众一心、同仇敌忾。邓拓先生亦在写给傅衣凌先生的信中明确表达了自己撰写救荒史的目的："目前国难当头，我们应该做一件扛鼎的工作，不是在战场上和敌人进行生死搏斗，就应该在学术上有所贡献，写一二种大部头的学术著作，发扬祖国的文化。"〔1〕在这一历史大变局的前夜，年仅25岁的河南大学学生邓拓，以"身无半亩、心忧天下"的书生情怀，广泛搜集利用河南大学以及附近学校大量的图书资料，全身心投入到救荒史的研究中，力求在马克思主义唯物史观的指导下阐释中国面临的战乱灾荒问题。其间，他应商务印书馆"中国文化史丛书"之约，撰写《中国救荒史》。李拓之先生曾撰文回忆邓拓当时的写作情况："他落笔如疾风骤雨。用左手拉过已写的纸张，纷纷堆落地上，两个抄手赶不上他一人的速度，到后来率性三个、四个的抄手全都参加誊写。他早上只喝一杯牛奶，午餐和晚餐吃的饭和面，夜里吃些饼干，稍事休息，即又动笔，既不吸烟也不吃糖果，日以继夜地写下去。"〔2〕这就是一介书生在民族危亡的关头，用自己的方式急迫地寻觅救国救民的路径。

1937年6月2日，邓拓先生写下《中国救荒史》的例言。

〔1〕傅家麟（即傅衣凌）《青年时代的邓拓》，参见廖沫沙等《忆邓拓》，福建人民出版社，1980年，第223页。

〔2〕李拓之《悼念亡友邓拓》，参见廖沫沙等《忆邓拓》，福建人民出版社，1980年，第231页。

邓拓纪念碑

一个月之后，七七事变爆发，中国进入全面抗战阶段，大江南北，长城内外，全体中华儿女共赴国难，用生命和鲜血谱写了一首反抗外来侵略的壮丽史诗。该年 9 月，邓拓先生北渡黄河，奔赴抗日前线，在河北束鹿（今辛集）前线写下《寄语故园》一诗：

> 四年执笔复从戎，不为虚名不为功。
> 独念万众梯航苦，欲看九州坦荡同。
> 梦里关河闻唳鹤，兵间身世寄飘蓬。
> 寄语故园双老道，征蹄南北又西东。

11 月，被学界称为灾荒史领域肇基之作、扛鼎之作的《中国救荒史》出版。全书分为三编，第一编是“历代灾荒的史实分析”，第二编是“历代救荒思想的发展”，第三编是“历代救荒政策的实施”，附录的历代救荒大事年表，罗列自殷商至中华民国三千七百年灾害之史实。该书是第一部较为完整、系统、科学地研究中国历代灾荒的著作，成为中国灾害史研究的滥觞，也拉开了中国灾害史研究的序幕。

“四年执笔复从戎，不为虚名不为功。独念万众梯航苦，欲看九州坦荡同。”寥寥数语，反映出当时以邓拓先生为代表的中国学者以著书立说救亡图存的心路历程。经世致用、鉴古知今，参天尽物、济世为民也成为所有灾害史研究者的共同心愿。

2017 年是该书出版 80 周年，国内外灾害史研究呈现出蓬勃发展的趋势，各类通史、断代史、灾害专题及区域灾害研究等著作纷纷涌现。学者在史料搜集、灾情灾况、灾异观念、救灾方式等方面有了深入论述。灾害史研究的兴起源于其具有的现实意义：灾害与人类生存息息相关，与历史变迁紧密相连，

中國文化史叢書
第二輯
中國救荒史
鄧雲特著
主編者
王雲五
傅緯平
商務印書館發行

《中国救荒史》，商务印书馆，1937 年

与社会演进亦步亦趋。法国学者安托万·普罗斯特（Antoine Prost）曾说："真正的空白不是还未有人书写其历史的漏网之鱼，而是历史学家还未做出解答的问题。当问题被更新了，空白有时候不用填就消失了。"由此出发，灾害史研究的真正意义，是为了解答重大历史问题。沃尔什（William H. Walsh）也说："确定史实和解释史实"是历史学者的使命。在灾害史研究领域，无论是邓拓先生的开创性贡献，还是谢毓寿、蔡美彪、陆人骥、李文海、张波、袁林、李向军、孟昭华、赫治清、袁祖亮等大批自然学科与人文学科学者前赴后继的深入梳理，都是期望通过历史上的灾情、灾况，探寻或解答与之相关的重大历史问题，诸如灾害与王朝的更替、经济制度的变迁、行政机构的完善、文化思想的交融等等一系列问题，减少或规避灾害的发生，降低灾害对社会政治、经济、文化发展的负面影响。

为了回顾前辈学者筚路蓝缕、以启山林的开拓性贡献，延续传承自邓拓先生以来河南大学重视经世之学的良好传统，从2017年7月6日开始，由闵祥鹏、赵玲、徐清组成的访谈组，邀约当前学界十位知名学者围绕中国灾害史研究的历程、现状与未来进行访谈。在传承与破立之间，构建中国灾害史研究的新框架，确立中国灾害史研究的新起点。访谈组历时一年，先后走访了上海、西安、天津、北京等地，最终完成《黎元为先：中国灾害史研究的历程、现状与未来》，以此献给80年来所有以经世致用、鉴古知今的人文情怀，参天尽物、济世为民的学术境界从事中国灾害史研究的学者们！

壹

作为青年学者，首先就要调整心态，既然选择了史学，就要做好坐冷板凳的思想准备，理性面对喧闹的世界、富足的他者，潜下心来做自己可以做的事，否则于事无补，于己不利。驿动的心境、躁动的心态，永远不能解决自己的问题，更不可能拿出优秀的成果。

——陈业新

受访学者：陈业新教授

访谈时间：2017 年 7 月 6 日 10：00—11：30

访谈地点：上海交通大学人文学院 511 室

访谈整理：赵玲、徐清

个人简介

陈业新，1967 年生，历史学博士，教授、博士生导师。1996 年、2001 年毕业于华中师范大学中国历史文献学研究所，分别获历史学硕士、博士学位（历史文献学专业）。2001 年 9 月—2003 年 6 月，在复旦大学历史地理研究中心从事博士后研究。2003 年 6 月至今，任职于上海交通大学，从事中国历史与文化的教学与研究。出版独著 3 部、合著多部，发表论文 60 余篇。

研究方向：秦汉灾害史、社会环境史、灾害文化与社会

结庐之处车马喧，心境安然地自偏

——陈业新教授访谈

导　言

我们抵达时虽是深夜，但此时的上海却在夜幕中华丽绽放，十里洋场灯火璀璨，映照着上海的古往今来，高楼耸立的外滩，人潮涌动的徐家汇，处处彰显着奢华与现代。在这嘈杂的城市里，我们将拜访一位静心著述的学者——上海交通大学的陈业新教授。他是灾害史研究领域的重要学者，也是我们此次访谈活动的第一位受访者。

这次访谈原本约在下午3点，陈教授因会议提前结束，便主动开车来接我们，见面之后，陈教授先带我们参观了上海交通大学典雅、素净的校园，校园内绿树成荫、青草如毯，清澈的溪水环绕其间。百年前的南洋公学，今日的上海交大，静谧地呈现在我们眼前。在随后的访谈中，陈教授讲述了他在研究灾害史过程中所面临的问题以及心得体会。

访谈记录

闵祥鹏：陈教授，中古灾害史的史料相比而言较少，研究难度颇大，因此当前一直在从事秦汉灾害史研究的学者不多，您是最早进入这一领域并且一直坚持下来的少数学者，为何您要选择这样一个研究方向?

陈业新：人生有太多偶然，也有很多的巧合，当然也有必然。我在报考研究生时，也未曾想到会进入灾害史研究领域。在读硕士研究生之前，我在一所中学任高中历史教师，自己对秦汉史非常感兴趣，就准备报考西北某高校一位著名的秦汉史大家的研究生，并与这位大家有书信往来。当时一封信件，通过邮局往返，至少要两三个月。通过几次信后，更坚定了我的信心。然而，由于拟考导师的人事变动，最终未能如愿，但我对秦汉史的兴趣始终未减。此后，我依然坚持看书复习，其间拜读了华中师范大学张舜徽先生的著作，那时信息不灵通，甚至是闭塞，所以对张先生也不是很了解，只是折服于他的学术功力。于是，我便冒昧写信求教于张先生，后来才知道张先生是著名的历史文献学家、历史学家。令人感动的是，张先生竟然认真地给我回信，毛笔书写，小楷，竖排，字体清秀、端庄，并端正地签署先生的大名，大家风范尽显！张先生在书信中一一解答了我的问题，并问询了我的一些情况。这样来回往复，先生给我写了好几封信，每封信都是毛笔书写，或草或楷。这些信件，无论我搬到哪里，始终奉若至宝。但造物弄人，1992年11月，张先生遗憾地离世。

1993年，我作为一名硕士研究生，来到华中师范大学历史文献学研究所学习。文献所的学习环境很宽松，我也非常习惯这种氛围。现在很多导师把研究生管得太严，看得过紧，有其好处，但弊端也很明显，毕竟个体差异很大。读研期间，我养成了乐于阅读、勤于思考的习惯，其间遇到了一些对我帮助很大的老师，王玉德教授即为其中之一。王老师主要从事文献学研究，他硕士师从张舜徽先生，博士师从章开沅先生。王老师视野开阔，思维敏捷，快言快语，处事雷厉风行。当时他正在主持国家重点图书选题《中华五千年生态文化》，后来我也参与了这套书的撰写工作。

坦率地讲，当时我对灾害史研究状况的了解不多，因为包括书籍、期刊论文在内的灾害史相关研究成果较少，且信息、出版物流通不畅，今昔真的是天壤之别！但通过参与研究，促发了我很多思索，其中之一就是生态变化的最终后果是什么，又是通过哪些形式表现出来的？我的脑海里蹦出来的第一反应就是“灾害”一词。那么，在生态史研究方面，我能不能再走得远一点？以生态变迁为基点，对历史灾害进行研究呢？人生就是这样，有些时候就是偶然性的！我当时报考历史文献学研究所，打算从事历史文献的研究与整理工作，但结果是经过深思熟虑，我改变了研究方向，步入了灾害史研究的殿堂。

我的硕士论文选题是两汉地震灾害研究。我是基于现代地震研究对地震史料分级。我一直强调对水旱等历史灾害资料进行分级处理，就是受地震学界关于地震史料处理的启示。地震灾害不仅有震级，而且有地震的烈度。震级是地震表现出来的等级，而烈度是什么？是根据它对社会破坏的影响，或者说地震影响的程度而定的。现代灾害学界对水、旱、风灾也都有明确的等级划分。而我们历史学界做灾害史研究，基本上没有对有关史料进行分级。地震学界在地震史料的等级量化方面，为我们做出了很好的示范。他们整理、出版了多卷本的《中国地震历史资料汇编》。然后，根据史料，确定历史时期记载比较详明、破坏性较大的地震灾害之等级、烈度，有些还给出了震中位置。以此为基础，可以对我国历史时期的地震及其社会影响等众多问题，进行分阶段或整体性的研究。我的硕士学位论文，就是以两汉历史文献记载为基础，参考地震学界对两汉有关地震史料的等级确定，研究两汉地震及社会赈济问题。若按这个时间来看，我也算是闯进历史灾害研究这个领域比较早的研究者吧！

1998年，我又考回华中师范大学历史文献学研究所，在职攻读博士学位，师从李国祥教授。李老师长期“绿叶配红花”，一直默默无闻地充当张舜徽先生的助手，全程参与并全面负责张先生5届17位博士生、7届43位硕士生的招生考试、日常管理、教学课程、论文选题与答辩等工作。他任劳任怨，从未表露或表达过任何不满。李老师是个难得、少见的大好人，为人低调，处处为他人着想，而自己的事却从不求人。20世纪60年代以来就多病的李老师，在2015年8月去世，想来令人无比悲怆！

我在读博期间学习的专业是“历史文献学”，方向为“历史文献的研究与整理”。若严格地执行规定，我将来只能撰写历史文献学的学位论文，但我心里早就决定以“两汉灾害与社会”作为自己将来博士论文的选题，并开展了文献收录、编年等工作。当我惴惴不安地与李老师商议论文选题时，李老师竟二话没说，完全同意了我的意见。那时和现在不一样，今天关于中国灾害史研究的著作非常多，20年前的学术界对灾害研究不甚关注，灾害史研究的对象、内容、方法、理论等，都处于起步、探索阶段。尤其是中国早期历史灾害研究，一则资料绝对匮乏，远比不了明清及近代；二则受制于文献，其内容究竟包括哪些也不甚清楚。因此，坦率地讲，自己还是有些忐忑。2000年8月，中国社会史学会第八届年会暨“经济发展与社会变迁”国际学术研讨会在华中师范大学中国近代史研究所召开。其间，我如约拜见了社会史学家冯尔康先生，冯先生对我的博士论文选题予以充分肯定，并就论文提纲提出了一些积极的建议；会议期间，我与中国人民大学清史研究所夏明方博士不期而遇。夏博士的学位论文为《灾害、环境与民国乡村社会》[1]，并于1999年荣获教育部全国首届百篇优秀博士学位论文。会议之余，我们两人多有交流。他向我介绍了近代中国灾荒与社会的相关内容和问题，并在会后寄来了其尚在出版中的独著清样复印件等资料，令我十分感动。经过努力，我于2001年初完成了题为《灾害与两汉社会研究》的博士学位论文，并在2004年经上海人民出版社付梓。

闵祥鹏：《灾害与两汉社会研究》是您的博士论文，也是当前中国古代灾害史研究的一部重要专著，当时撰写这本专著对您以后的研究有怎样的影响？

陈业新：可以肯定地说，这本书是我早期或第一部个人独著，于我而言，具有标志性的意义。但是，我没把它当成我的个人代表作，只是将它视为自己学术生涯的铺路石。因为今天回首反思，我觉得当时的研究还有粗糙之处。由于史料的缺乏，对上古时期的精准性的研究还没有做深做透。特别是现在很多考古资料出现后，一些内容是值得进一步研究的。另外，因为时间有限，有些内容未能涉及；有些内容尽管当时也进行过认真思考，认为与灾害的关系不是太密切，也就放弃了。不过现在看起来，由于对问题的认知和理解有所不同，其中很多问题在史料充分的前提下，值得进一步深入研究。而且深化以后，你所洞见的另一个世界就像万花筒，可能看到与此前认识不一样的现象。

《灾害与两汉社会研究》最大的特点就是比较系统，譬

[1] 编者注：2000年出版时改名为《民国时期自然灾害与乡村社会》。

如有关灾异思想的梳理。我为大家梳理出一幅两汉“经常处在上帝的谴告威胁之下”“鬼怪世界”的图景，其实这就是灾异思想对整个社会的影响，这些可以从皇帝的诏书、臣子的上奏中清晰地看出。当时我在看《史记》《汉书》《后汉书》时，总觉得灾异思想很重要，但是如何去研究它？我研究的是两汉时期的灾害，灾异思想只是其中的一方面，不能因为灾异思想对两汉影响尤其深远，而仅梳理这一思想，最后我觉得还是要系统化，不仅包括灾异，还要包括“天道自然”的灾害观等，同时还要对学术史上的灾异观进行梳理，包括灾和异的影响。在灾异问题的研究上，我的研究可视为一个发端。

《灾害与两汉社会研究》的另一贡献，就是构架起相对完整的两汉灾害与社会的研究体系，从灾害状况、灾害原因、灾害思想、灾害影响，以及灾害与两汉政治、经济、文化的关系等方面，对“灾害与社会”的主题进行了整体考察。当然这些论述离不开前人的研究成果，如灾异思想对两汉宰相制度的影响等，侯外庐先生的《中国思想通史》、祝总斌先生的《两汉魏晋南北朝宰相制度研究》等著作均有程度不同的阐述，我在前贤宏论的基础上，将一些问题进一步系统化和明细化。2004年出版的与博士学位论文同名的独著，就是以学位论文为原型。出版时，除了对引文进一步核对外，基本上是一字未动，就是希望保持原汁原味。十多年过去了，我陆续看到一些新材料，对一些问题又有了新认识，所以，现在希望能有时间静下心来做一次认真的修订，在许多内容上做进一步探讨。譬如，我最近认真研究的《礼记·月令》，其内容异常丰赡、完整，包括天象、气象、物候，还有各种节令，帝王、臣僚该做什么不该做什么，如果不按时令行事会产生怎样的灾异，等等。这些灾异包括天灾、地灾和人祸，古代这些记载非常完整。我的博士学位论文曾对两汉灾异思想进行分类，《月令》灾异思想乃其一，但那时只是简单地列举了其学说思想的内容，没有深挖和分析，打算以后做些深入研究。此外，迄今为止，学界关于两汉赈灾的深入研究也不多，在方法和整个架构上没有突破原有的模式，大部分停留在救灾应对方面，我也打算做进一步细化研究。

2006年，我参与了业师邹逸麟先生主持的“中国近五百年来环境变迁与社会应对”丛书的撰稿工作，丛书于2008年出版，共5本，我负责的那本名为《明至民国时期皖北地区灾害环境与社会应对研究》。与《灾害与两汉社会研究》相比，我对《明至民国时期皖北地区灾害环境与社会应对研究》比较满意。在这本书里，我基本上把皖北地区近500年的灾害环境及其社会变迁讲清楚了。例如，书中对比了皖北地区不同时期的社会风习，尤其是民间轻文、尚武之风的演变。我通过明清时期文、武举士数量的变化及其对比，辅之以其他文献，发现从明代嘉靖年间开始，该地区社会就出现尚武、轻文之风气，文举数量少、层次低，武举数量大、层次也同样低，说明该地区民众总体文化素质偏低。这是因为什么呢？这与南宋以后黄河长期夺淮入海所致的淮河中下游地区的灾害环境有关。

我的家乡位于霍邱县南、六安西，属于淮河流域中部地区。在淮河中游地区，民间曾广泛流传着这样一个民谚：“走千走万，不如淮河两岸。”不过，该民谣描述的是北宋及其以前淮河流域的情况。唐宋时期，淮河两岸民间富足，北宋把都城定在开封，原因之一就是因为当时运河开通后，江淮地区的粮食物资可以运到这里。当时的皖北，一是生态良好，二是物

霍邱县　［清］张鹏翮绘《淮河全图》局部

产丰富，三是民风淳朴。北宋时，欧阳修曾任颍州（今安徽阜阳）太守，后虽多次转任他职，但晚年依然回归颍州，并度过其余生。欧阳修是江西永丰人，晚年之所以欲以颍州为家，用他自己的话说，就是“爱其民淳讼简而物产美，土厚水甘而风气和”。也就是说，北宋年间，皖北一带土肥水美，物产丰富，民风淳朴，与今天人们熟知的皖北可谓大相径庭。前后大不相同的原因，就是众所周知的黄河南泛。南宋建炎二年（1128），宋王朝为阻遏金兵南下，人为决河，河水“自泗入淮”。自此以后，黄河或决或塞，迁徙无定，并全面夺淮入海。在外力的胁迫下，淮河流域环境系统结构与功能受到极大干扰，生态趋于脆弱，灾害迭发。清咸丰五年（1855），黄河北去，但其所贻之患并未消失，水、旱、蝗灾依旧接踵而至。面对难以克服的环境挑战，在不少地方，百姓走向尚武。如今皖北不少地方，每到夏日，很多小孩光着膀子在习武。这种风习在明代嘉靖年间就出现了。在上面提到的明清文、武举士的数量统计时，我把皖北和皖南的情况做了比较，结果显示，两个地区的情况完全相反。除了数量对比以外，我又对大量文献进行梳理、对比，发现文献中的描述性记载跟量化比较结果基本吻合。文献中描述的皖北地区文风不盛、武风颇炽，也是从嘉靖年代开始的。生态环境变迁的社会影响，在这里得到完全的体现。这些地区在明清时期也经常出现农民起义。如捻军在皖北、豫东、鲁西南乃至整个淮河地区，就存在很长时间。再如圩子，江南地区的圩子指圩田，皖北地区的圩子则指寨堡。寨堡是为了维持社会治安，我个人认为其实同于东汉时期的坞壁。由于社会动乱，家境富裕的家庭，以自然的圩子即水塘为屏障，筑寨自保。圩寨的修筑，也与自然灾害有关。由于灾荒连年，民间尚武好斗，一些因灾积年致贫的民人，白天从事农业生产，晚上则几人结伙，到外面行梁。行梁就是打劫。这一带没有大的土匪或匪帮，而以成群结队的小偷小盗为主。这种情形，即使在新中国成立后，在我们老家那里也出现过。我记得非常清晰，小时候经常听到某人家境稍殷，过年前宰杀了生猪。为安全起见，一般都会把猪肉吊挂在草房的梁上。但晚上稍不留心，别人就可能把你的门窗从外面锁上，然后搬个木梯，从你家草房顶上把草扒开，然后把挂在梁上的猪肉提走。我认为，这就是明代以来灾荒环境下形成的民间行梁之风。

强者抢夺而生，那么弱者如何而存？泥门趁荒，是皖北明清时期突出的社会现象。一般而言，秋季作物收获完毕后，民人即离家四散趁食。灾荒不断，家中可能徒有四壁。外出时也不锁门，用泥把门糊起来，挎个篮子、拿个竹棒，到外面去讨饭。一开始是为了基本的生存，日积月累，慢慢就成了一种习惯，并形成思维定式：冬天在家里什么也不能干，窝在家中白白吃粮食，而在外面走着，最起码一天的几顿饭解决了。到第二年春天农忙时，外出者鱼贯而回。所以，这时的外出行乞，是为了备荒。民国时期的皖北，是全国闻名的流民输出地；今天的皖北，是远近皆知的农民工输出地。农民外出务工，在今天看来是时代的产物，但在皖北，其规模之大，不唯现实的动因，历史文化的影响也是不可忽视的原因之一。因此，我个人认为，今天的社会治理，千万不可忽略其历史之源，现实与历史总有割不断的联系。

闵祥鹏：您谈到皖北地区在明清时期出现的捻军，其实是皖北社会风气与环境变迁之间互相影响的产物。而环境又会影响农业生产，那么农业种植状况是否能反映气候环境变化呢？

陈业新：环境变化当然会影响农业生产，但关于气候变迁的问题，则需要具体分析。如有人认为淮北地区不种水稻，这是完全错误的。淮北地区能不能种水稻，不是取决于气温高低，而是取决于水利，水稻姓“水”不姓“温”，如果说淮北地区不能种水稻，那么如何解释东北地区出产水稻？其实在汉代和明清，淮河流域水系比较发达，整个淮河地区都种水稻。后来为什么不种了呢？是古今地貌发生了变化。现在很多旱田，其实之前都是水田。因为长期水涝，后来人们种懒稻，就是抛撒秧苗以后让它自然收成，导致其农作方式改变的也是灾害。所以，涉及灾害的很多内容可进一步深入探讨。

到目前为止，有人认为我跟王子今先生在两汉气候变迁问题上存在争论。其实，不是争论，而是学术探讨。子今先生是我极为尊敬的前辈学者，他在拓展秦汉史研究领域、深化秦汉史研究方面，做出了有目共睹的杰出贡献。如果说我和子今先生在有些问题的判断方面存有不同看法，在学术探讨方面也属正常现象。对于两汉气候研究涉及的竹子问题，我的观点是，首先，竹子种类很多，不能简单地以文献中的笼统记载来论证气候的变迁。今天北京有竹子，南方也有竹子，你能以此而得出结论说二者的气温并无差别或差别不大吗？其次，景观竹子也不能反映气候状况。文焕然先生早就讲过这个问题。景观竹子和自然生长的竹子完全不一样，景观竹子是人工选择和特别种植的产物，不能作为气候研究的依据。再次，经济竹子和自然竹子又不一样，比如说箭竹，箭竹主要用于战争。再就是水稻与气候问题，北方譬如北京地区能否种水稻？水稻种植是不是意味着气候温暖？秦汉时期北京地区的经济形态，在我的印象中不是农业经济，而是贸易经济。秦汉时期北京包括桃子在内的一些著名土特产至今仍存。两汉时期北京地区曾经种过水稻，但是水稻短时间内就消失了，消失的原因跟水利、战争有关系。所以，因北京地区出产水稻而认为北京地区气候温暖，是不能成立的。东北三江平原也种植水稻，是因为那里的水利灌溉好，而不是因为那个地方温暖。说这些的目的，是想强调人工种植的作物，虽然难免受到气候的影响，但由于人工的干预，有时候很难真实地折射自然状况。

闵祥鹏：确实不能从农业作物的种植情况简单地推论气候的变迁，我最近刚写了一篇文章，其中也谈及气候变迁的问题，“冬无雪”一直被视为暖冬或者气候干旱的重要史料，因为很多学者也是用“冬无雪”来说明这个地方是暖冬，就是说这个地方气温有所升高。但我觉得唐代以前“冬无雪”的记载较少，唐代以后记载比较详细，应该是跟小麦的种植有关系，而不能成为气候变迁的证据。因为“冬无雪”会影响小麦的种植，进而可能导致来年发生旱情，当小麦在北方大规模推广和普及之后，必然重视“冬无雪”的现象。

陈业新：你说的有道理。但你是讲记载“冬无雪”的动因，不管怎么说，有雪、没雪确确实实与气候有关系，这叫作无心插柳柳成荫。不管怎么样，它客观地反映了降雪有无，至少能说明这个问题。你说唐代以前“冬无雪”的记载比较少，而此后的记载则相对较多，我个人以为，文献中的有雪或无雪，一方面与实际可能相契合，反映了历史的真实，我们在没有足够的证据前提下，不能贸然否定之；但另一方面，也不排除唐以前文献漏记或少记的可能，而此后由于著述者日趋增多，文献亦愈益丰富，加之史志记述“详近略远”或“详今略古”的传统影响，距“今”较近的“冬无雪”可能被完全或绝大部分地记载下来，而那些因“古”而“远”的“冬无雪”现象则常有被漏、省的可能。所以，唐以前的“冬无雪”未必真的是“冬无雪”，而明清以后的“冬无雪”则真的是“冬无雪”。在利用这些文献开展研究时，一定要审慎地辨析。那么，“冬无雪”到底跟暖冬有没有关系呢？其实小麦的种植早晚跟暖冬是有一定关系的。我在农村待过，如果暖冬，小麦种植过早，麦苗就会在暖冬的情况下长得很快，但是，稍遇雨雪或寒冷，则麦苗多有冻死，到了春天，麦苗就返青慢，返青慢则影响分蘖和发育，从而影响产量。所以，暖冬时，小麦一定要晚点种植。但寒冬则要提前种，因为天冷小麦发芽慢，发育也较差，那么开春后，麦苗则生长得比较缓慢。因此，冬寒小麦一定要提前种植。对于是否暖冬，农民有判断。中国的节气非常科学，就像天气预报，古代历法的修订不是随便而为，它是跟自然结合起来的。关于二十四节气，我曾看过不同版本的月令解释，不同的著家有很多争议，争议在某个节气早、某个节气晚、某时候降雪的变化等方面。其实他们都忽略了时移世易，因为秦朝有关节气的记载，到了东汉时期气候可能发生变化，那么按照东汉的情况解释秦朝的历法，自然不能完全一致，于是乎疑古，以其时的情况否定彼时的记载。其实，这些内容恰恰是气候变迁研究不可多得的文献资料。气候变迁研究中，节气是一个非常重要的证据，而且这个证据远比竹子重要得多，当然节气也存在不够精确的问题，但它大体可以为我们确定一个方向和范围。

闵祥鹏：*从邓拓先生《中国救荒史》出版到现在，灾害史研究取得了令人瞩目的成就，也面临着很多的问题，比如研究的程式化、套路化，缺乏量化与实证，您觉得灾害史研究应该如何摆脱这种困境？*

陈业新：对于灾害史研究动态，我本人始终高度关注，尤其是学位论文。为什么这么关注学位论文？因为这些论文的作者都是年轻人，是未来灾害史学术研究的担当者，决定着将来中国灾害史的研究水平。看这些论文，主要想看一下他们在视角、内容、观点、史料、方法上是否有突破。但很遗憾，不少论文水平颇为低下，有的甚至缺乏最基本的学术训练。譬如史料方面，有些论文一看就是没有查阅原始史料，直接引用二手材料，别人错什么，他就错什么。另外，现在许多文献可以电子检索，这个检索非常方便，省去了以往研究搜求文献之苦。但是，文献进行电子检索后，一定要核对原文。事实上，很多年轻人忽略了这一环节，以致引文漏缺字、错字、句读不当等问题异常突出，更不用说对史料进行深度挖掘了。

你刚刚说的灾害史研究存在的那些问题，我觉得可以通过学界的共同努力来解决。

首先是资料的深度挖掘。这包括两个方面：一个是面上的广度，另一个是点上的深度，就是对史料的深入分析。比如说我们在研究灾害问题时，往往拿到一两条史料就下论断。目前，学术界对历史灾害资料基本上没有进行全面的整理，研究者多各自为政，不仅重复劳作，而且效率低下，质量也得不到可靠的保证。没有文献保障的基础，遑论深度挖掘资料，那么，高水平的研究成果自然是奢望。

其次是方法的创新。目前所见绝大多数灾害史研究成果的研究方法，基本上流于文字描述。“文献分析法”是历史学看家的研究方法，但一些成果只见“文献”，而难觅“分析”。“分析”包括定量、定性两个方面。缺乏定量、定性的分析，难以获得学界的认可，所以灾害史研究往往变成了研究者的“自娱自乐”。迄今已成功举行了十三届的中国灾害防御协会灾害史专业委员会年度学术研讨会，较早时期的参会者多来自如地震、地理、气候、水利、地质等自然科学界。自历史学研究者进入灾害史研究并积极参加会议后，自然科学的学者认为历史学者的研究缺乏科学的方法，而历史学者则认为自然科学学者的研究存在“非人文化”的倾向。灾害史研究陷入“两种文化”的窘境，彼此难以形成良性对话的局面，存在历史学的灾害史研究成果如何为自然科学界认同的问题。在前不久中国人民大学清史研究所夏明方教授组织的“中国灾害史料整理与数据挖掘”学术研讨会上，北京师范大学地理科学学部的方修琦教授再次提到这个问题：你们认为我们的研究缺乏史料的支撑，我们觉得你们的研究不能解决问题；你们讲的史料我们也知道，我们觉得你们定量研究做得不够。但是，我觉得有些问题做定量研究也是不太现实的，比如说古代灾害史研究，你做隋唐，我做秦汉，如果想把它定量的话，首先遇到的问题就是史料不够丰富，而且文献记载本身也不详细。这种情况下，越是精准定量越容易出问题。因为定量的基础是文献，文献本身有问题，所以这种定量出的结果跟实际情况必然有差异。那么，哪些时段可以做定量研究呢？明清及其以后的时期，基本具备了定量研究的条件。明清时期，每个县地方志书中的灾害记载具有很强的连续性，完全可以做定量分析。但是很遗憾，因为资料面比较广，量比较大，量化研究比较麻烦，所以在明清灾害研究方面，有关成果基本上没有定量分析，代之的则是简单的年次统计。

刚才咱们讲的也可算是灾害史研究落入模式窠臼的表现吧。灾害史研究究竟应包括哪些内容？我想，作为最基本的研究框架，一是灾害的内史研究，即灾害的基本情状，包括灾害次数、灾害等级参数化处理、灾害的频率、灾害的空间分布、灾害原因，这是从整体的角度而言的。另外还有灾害个案或专题研究，譬如场次灾害、特大灾害研究等；二是灾害外史研究，也就是灾害与社会的研究。历史学主要是研究人类社会的，而灾害则主要是就其对人类的影响而言的，因此灾害与社会永远是历史学关于灾害研究的核心或主要内容。这方面的内容非常广泛，但凡政治、经济、文化，无所不涉。政治方面包括政治制度、职官任免、法律制度等，经济方面则有赈济（国家、地方官府和社会等）、国家财政与社会经济状况等，文化方面则如荒政思想、民间信仰、史书书写、灾荒文献等。灾害的直接后果就是对社会产生这样或那样的影响，严重者可引发社会动乱，中国历史上的朝代更替，很多都与灾荒的诱因相关。由灾害产生的相关文化，在传统社会里也十分常见，如民间普遍存在的祈雨、祈晴及其仪式，以及龙王信仰、城隍信仰和龙王庙、城隍庙景观文化等。而且，在不同地区，同一信仰还有不同的表现形式，从而使得文化呈现出差异性、丰富性的特征。目前所见的灾害史研究成果，上述有关方面都曾有所

济渎庙龙亭

AMERICAN GEOGRAPHICAL SOCIETY
SPECIAL PUBLICATION NO. 6
Edited by G. M. WRIGLEY

CHINA: LAND OF FAMINE

BY

WALTER H. MALLORY
Secretary, China International Famine Relief Commission

WITH A FOREWORD BY

DR. JOHN H. FINLEY
President of the American Geographical Society

AMERICAN GEOGRAPHICAL SOCIETY
BROADWAY AT 156TH STREET
NEW YORK
1926

马罗立《饥荒的中国》
英文版扉页

触及，但大多数是泛泛而谈，缺乏深入研究。因此，突破窠臼，无外乎要在两方面多加努力：一是要在占有丰富史料的基础上，从不同视角、不同方面对研究对象进行深入剖析，深化研究，发现存诸史料和传统社会中但罕为人们关注的历史，揭示历史的本质与规律。二是积极拓展研究空间。灾害史的研究内容非常全面，早在20世纪20年代，美国传教士马罗立（Walter H. Mallory）就称传统中国是“饥荒的国度”，也就是说传统中国留有深厚的灾荒烙印，她的一切，如生态、农业、人口、社会、道德秩序、制度体制、文化思想、民间信仰等，都可以从灾荒那里找到答案，或能够以灾荒对之加以合理的解释。由此而言，灾害史研究还有很大的空间可以拓展。

最后，我还要多讲一句，就是治学态度的问题。现代社会绚烂多姿，充满诱惑，机会无处不在，尤其是在上海、广州等商业气息特浓的大城市，追求时尚的年轻人难免受其影响而心旌摇曳。姑且不和工程技术类学者相比，就是和社会科学研究者相比，同样是从事学术研究，彼此的回报也是差悬很大。在这种情况下，作为青年学者，首先就要调整心态，既然选择了史学，就要做好坐冷板凳的思想准备，理性面对喧闹的世界、富足的他者，潜下心来做自己可以做的事，否则于事无补，于己不利。驿动的心境、躁动的心态，永远不能解决自己的问题，更不可能拿出优秀的成果。

后 记

夏日的上海，蓝天、白云、酷暑、骄阳，见证着开埠174年的风雨沧桑。我们离开上海时，气温高达41℃。一日的访谈，不仅让我们对陈业新教授的学术研究有了更多的了解，也让我们体悟到喧哗的都市并不会影响学者心中对学术的那份坚守与执着。陶渊明有诗曰：“结庐在人境，而无车马喧。问君何能尔？心远地自偏。”归程的火车启动，流金岁月里的大上海，在我们眼前逐渐模糊，但此刻一位学者的身影却逐渐高大清晰。

诗经·大雅·云汉

倬彼云汉，昭回于天。王曰：於乎！何辜今之人？天降丧乱，饥馑荐臻。靡神不举，靡爱斯牲。圭璧既卒，宁莫我听？

旱既大甚，蕴隆虫虫。不殄禋祀，自郊徂宫。上下奠瘗，靡神不宗。后稷不克，上帝不临。耗斁下土，宁丁我躬。

旱既大甚，则不可推。兢兢业业，如霆如雷。周余黎民，靡有孑遗。昊天上帝，则不我遗。胡不相畏？先祖于摧。

旱既大甚，则不可沮。赫赫炎炎，云我无所。大命近止，靡瞻靡顾。群公先正，则不我助。父母先祖，胡宁忍予？

旱既大甚，涤涤山川。旱魃为虐，如惔如焚。我心惮暑，忧心如熏。群公先正，则不我闻。昊天上帝，宁俾我遁？

旱既大甚，黾勉畏去。胡宁瘨我以旱？憯不知其故。祈年孔夙，方社不莫。昊天上帝，则不我虞。敬恭明神，宜无悔怒。

旱既大甚，散无友纪。鞫哉庶正，疚哉冢宰。趣马师氏，膳夫左右。靡人不周。无不能止，瞻昂昊天，云如何里！

瞻卬昊天，有嘒其星。大夫君子，昭假无赢。大命近止，无弃尔成。何求为我？以戾庶正。瞻卬昊天，曷惠其宁？

贰

我们必须面对一个客观历史现实，中国就是在灾荒的作用下一路曲折地走来，现在的社会状态与历史灾荒的影响密不可分。所以我们不仅要看到灾荒的负面影响，更要看到在社会发展过程中，人类面对灾荒所积累起来的经验。

——卜风贤

受访学者：卜风贤教授

访谈时间：2017 年 7 月 14 日 15：00—18：00

访谈地点：陕西师范大学雁塔校区文科科研楼三楼会议室

访谈整理：赵玲、徐清

个人简介

卜风贤，1966 年 3 月生，甘肃静宁县人，2001 年毕业于西北农林科技大学，获博士学位。2002—2003 年获李氏基金（Li Fellowship）资助在英国剑桥大学李约瑟研究所访学，2003—2004 年在以色列本·古里安大学从事博士后研究，2005—2010 年进入陕西师范大学历史学博士后流动站工作，曾供职于西北农林科技大学人文学院，现为陕西师范大学西北历史环境与经济社会发展研究院专职科研人员，教授、博士生导师。

研究方向：灾害史理论、农业灾害史、中西灾害史比较研究

农为天下之本，农昌则国盛

——卜风贤教授访谈

导　言

周秦汉唐浸染的古城西安处处散发着历史的沧桑，在岁月的风尘中它曾是世界文明的中心，塑造出中国农耕社会的鼎盛。农为天下之本，农昌则国盛。古人“种谷必杂五种，以备灾害”。中国灾害史的研究主要为农业灾害研究，卜风贤教授在这一领域已经深耕20余年，著作等身。我们专程前往陕西师范大学雁塔校区访问卜风贤教授，与他的硕士研究生一起倾听他讲述自己的学术历程以及中国灾害史研究的现状与未来。

访谈记录

闵祥鹏：农耕是中国传统社会的典型特征，以农为本也是历代理政核心。当前随着社会转型，灾害史研究者逐渐转向灾害的政治、经济与社会史领域，您却一直坚持农业灾害史的研究且成果斐然，当初是什么契机使您进入这一研究领域呢？

卜风贤：我走上农业灾害史的研究之路纯属偶然，直到读研究生时我也未曾想到，或者说根本没有关注过灾害问题。我当时的专业是农业史，主要兴趣是农业思想史，我硕士期间也是想从农业文化、农业思想上来做一些研究。当时一直在读农业历史方面的书，跟着古农学研究室的老师上课，全部精力也都放在农业史上面。

到了硕士第二年选题需要确定研究方向，当时的想法也不在灾害方面。因为我在读研一时，曾参加过一次全国农史学术会议，参会论文是《清代宁夏南部山区雨养农业发展述略》。雨养农业是山地农业的特色形式，当然现在看来雨养农业的发展也和灾害有一定的关系，但当时没有这样的思考，也没有这方面的知识基础。初步的选题思路仅仅是想选一个区域农业史研究的题目，或者是按照我个人的兴趣选题，并且我已经做好了这一方面的准备。最后在跟导师张波教授讨论时，老师要我了解一下灾害方面的问题，可以试着做灾害史的研究。第一次谈的时候，张老师就提到了邓拓先生的《中国救荒史》，让我回去看看，我才知道这本专门研究灾荒史问题的著作。我就读的西北农林科技大学是农业科学院校，学校图书馆文史图书不多，但是这本书很容易就可以借到。就是通过这个途径，我了解了一些基本的灾害问题，而且知道了已经有人在灾害史研究方面做出了很重要的工作。这是我做灾害史研究的一个起点。

随着对灾害问题的了解，也对邓拓先生杰出的学术贡献感到深深的钦佩。邓拓先生在河南大学就读期间整理资料，撰写《中国救荒史》的时候年仅 20 多岁，这令我感到非常震撼。作为灾荒史研究的奠基之作，居然是一个 20 多岁的年轻人写出来的，而且资料搜集齐全，写作很有深度，成为一部经典作品，开辟了一个新的研究领域。这是我对邓拓先生《中国救荒史》的初步认识。后来随着慢慢地学习了解，对邓先生这部书里的一些说法产生了质疑，围绕着这些质疑先后写了几篇文章。

我的第一篇文章源于《中国救荒史》的第一章。邓先生在《中国救荒史》第一章里做了历史灾害的计量统计，即把历朝历代的灾害发生次数统计出来论证历史灾害的频发性和阶段性特征，我就在这里面发现了一个问题。邓先生在灾害计量表格下面有几个注释，专门解释灾害统计的标准，我对其中的灾次统计方法产生了兴趣，然后写文章来论证。那是在我读研二的时候，根据论文选题方向写了一篇文章——《中国农业灾害史料灾度等级量化方法研究》，有一万多字，提出了一些与邓先生书中所说不同的方法，但整篇文章思考的起点，还是来自邓先生书中对历史灾害进行计量统计原则标准的启发。文章写出来以后我就投了出去，不到一个月就接到了《中国农史》的录用通知，这是我们农史专业领域很看重的一本学术刊物，这么快就能在《中国农史》发表文章的确给了我很大的鼓励。到现在我对这篇文章仍然非常满意，后来我在撰写博士论文时使用的灾害史研究方法就是源于这里。这篇文章发表后不久，武汉大学张建民教授在《灾害历史学》一书中把这种方法作为一种综合性的灾害史料研究方法予以评价。去年我们参加中国灾害史年会的时候，上海交通大学的陈业新教授专门研究灾害史料量化问题，他把目前所见的各种灾害史料量化研究方法都做了汇总，其中也对这篇文章做了评述。但我对这个问题有自己的看法，我觉得对灾害史料量化的主要方式是进行数理分析，而要做数理分析，基础的量化工作就必须简单可操作，不能烦琐，不能只有理论性而没有可操作性。从这点上来评价我那篇文章，也是能够站住脚的。整篇文章最后的落脚点是灾害资料的量化处理，我当时提出的方法和现有的各种方法相比，还是最便捷、最简便、最实用的。

在《中国救荒史》里我发现的第二个问题是关于救荒方法的分类。邓先生将救荒方法分为积极的救荒措施和消极的救荒措施两类，但是如今再来看这个问题，这种分类就有可商榷之处。现在的减灾系统是把整个救荒工作分为六个方面，即测、报、防、抗、救、援，国家的减灾部门、林政部门等都按照这样的思路来开展救荒减灾工作。这样来看的话，《中国救荒史》中放在消极的救荒措施里面的一些工作，比如抚恤、赈济、安民等可能就要放在积极的部分里面。从减灾系统中来看，这些工作都是很有必要的，没有消极的意义，当然相对于直接救灾来讲，两者可能有些差别。按照这样的理解，邓拓先生当年在《中国救荒史》中之所以将救荒措施分为消极和积极，是从直接作用和间接作用的角度进行划分的，并不像现在的消极措施一样，指的是被动产生的负面作用。依据这样的理解，我写了一篇比较短的文章，发表于《中国减灾》，在文章里面我指出所谓的消极措施实际上从某方面来看也是一种积极的措施，它有一定的效果，在某些时候能够起到辅助的作用。

上述两个方面的工作对我来说都很有意义，而关于它们的思考都是源于《中国救荒史》的启发。这是我从事中国灾荒史研究的早期状态。

我做中国灾荒史的研究，整个过程还是比较复杂的，我的硕士论文在研究生三年级的时候有过一个转变。这是因为灾荒史研究是专门史的一个方面，需要一定的专业知识来支撑，再加上当时老师有一个课题马上要结题，需要我在灾害学理论方面做一些研究，从这两方面的需要出发，我就将研究方向转换到了灾害学理论。在之后近一年的时间里，我完成了 20 多万字的书稿，后来这个书稿和其他老师的工作被统一集合起来，出版了一部学术著作《农业灾害学》，所以我的硕士论文在我硕士毕业后不久由陕西科技出版社以合著的形式出版，很厚的一本，是中国第一部农业灾害学方面的专著。我写的第一章至第四章，是整个农业灾害学的理论部分。现在想起来，作为一个硕士生，能将一部学术著作的总论部分全部承担下来是很不容易的。这部书出版以后，研究灾害历史的人基本不看，研究农业的学者反倒比较重视。当时张老师的想法是完成三部书，第一部是《中国农业自然灾害史料集》，第二部是《农业灾害学》，这两部书都出版了，第三部是准备出版的《中国农业灾害史》。前两部书出版以后受到了国内农业院校灾害研究者的重视，比如说中国农业大学农业灾害专家郑大玮教授，后来撰写教育部全国农业高等院校统编教材的时候，联合我们申报了一个《农业灾害学》教材项目，其中总论部分也是由我完成的，我跟郑教授的合作就是从这时开始的。2005 年中国农业大学建校 100 周年的时候计划出版一部大部头的现代农业灾害方面的学术著作，郑大玮教授又联系我，我参与了几个部分的撰写。

农业灾害理论的研究，对我后来的学术工作很有帮助。很多人做灾害史研究都是从史料开始做起，而我是从理论开始的，到了博士阶段才算真正开始做灾害史。

闵祥鹏：与很多从事灾害史研究的学者不同，您除了农业灾害史研究，在中西灾害史比较方面也颇多论述。我之前在剑桥大学李约瑟研究所访问时，得知您也曾访问过李约瑟研究所。李约瑟研究所是东亚科技史研究的中心，李约瑟先生的中国科技史研究在世界上产生了巨大影响，尤其是中西文明比较与互鉴的研究思路对中国学研究或汉学研究产生了深远影响，也为我们打开了西方看中国的视域。在灾害史研究中，农业灾害史、灾害史理论、中西灾荒比较研究等方面都是重要的领域，您觉得我们应该如何展开这些方面的研究呢？

卜风贤：我从事灾害史研究可以分为以下几个方面：第一是农业灾害史研究，这是我早期工作的重要内容；第二是中西灾荒史的比较研究；第三是历史灾害事件的研究；第四就是目前进行的一项工作，即历史灾害环境的研究；第五是历史灾荒社会的研究，这一步的工作还没有进行，只是一种设想。为了交流方便我先把框架提出来，然后沿着这样的思路来做介绍。

首先是农业灾害史的研究。在硕士期间做的灾害学理论研究的基础上，我从博士阶段开始了农业灾害史的研究。为什么会选择这个方向呢？一方面是因为我们是农业院校，比较关注

英国剑桥大学李约瑟研究所

农业问题，理所应当地就做起了农业灾害史的研究；另一方面就是历史上的灾害从农业生产的角度去考量也有它特殊的视角和意义。研究农业灾害应该从部门灾害的角度去思考，农业灾害是一种产业灾害、部门灾害，它不同于城市灾害，也不同于工业灾害，更不同于海洋灾害，是一种与农业生产紧密相关的灾害问题、灾害事件的集合体，不论是从灾害事件本身还是从防灾减灾的需要来看，都要从农业生产的角度去理解和思考，这是其特殊性。

我在博士阶段做中国农业灾害史研究的时候，计划写一部 50 万字左右的博士论文，加上此前出版的《中国农业自然灾害史料集》和《农业灾害学》，张波老师当时设计的灾害研究三部曲的愿望基本就实现了。这一工作进行得也很顺利，大概是 2001 年初，在我博士生三年级第一学期的时候，已经有了二三十万字的初稿，从远古农业灾害一直写到魏晋南北朝。写到这里的时候，我突然感觉到，农业灾害史研究不是自己想的那么简单，因为到隋唐以后灾害资料非常多，前面的内容已经写了二三十万字了，从隋唐到明清再写二三十万字是根本写不完的。这是一个不可能在短时间内完成的任务了，但是从这个事情上可以看出，做通史性的灾荒史研究，我的认识和起步还是比较早的。

在这篇博士论文里，我初步理清了农业灾害研究的思路、框架、问题、特征等，后面要做的其实就是充实内容，我觉得如果花费三至五年时间是完全可以完成的。可惜的是 2001 年我在博士毕业以后，因为工作变动以及其他方面的原因，这件事就停了下来。后来我围绕着农业灾害问题虽然也相继做过一些工作，但都是一些附带性的。我觉得对于这篇博士论文，最主要的思考和认识是确定农业灾害史研究基本框架，它为灾荒史领域的农业灾害史研究做了一些探索。

农业灾害史研究是我学术起步的一个关键工作，所以这件事情将来还是要继续做下去的。而且我认为农业灾害史对于当前中国的灾荒史领域来讲，也有很多特殊之处。我们经常看到史料里记载有雨水害稼、雨水成灾的事例，雨水本来很正常，但是怎么跟农业生产有关系以后就会害稼或成灾？实际上，从农业灾害学角度来讲这个问题很简单，就是农业生产具有季节性的特点，自然灾害也具有时间性的规律，当这种灾害的时间性规律和农业生产的季节性特点重合的时候就容易出现问题。灾害史在研究这种问题的时候其实就转向研究农业灾害史。很多内容与农业生产结合起来去看可能会显得很清楚，所以我觉得农业灾害的研究对促进灾害史学科的发展有积极的意义。

在这里我想补充一点，我的学术起步是在灾害理论方面，这方面还有一篇文章我也比较满意。这篇文章也是我在读研究生的时候发表的，叫作《灾害分类体系研究》，这是我从灾害史研究转到灾害史理论研究以后写的第一篇文章。当时翻阅了很长时间的灾害史方面的著作和期刊论文，突然发现做灾害研究的学者很多，成果也很多，但是他们对灾害研究中关键问题的认识却很不一致，各讲各的，大家对什么是灾害的认识存在分歧，没有统一的标准。为此我写了一篇《灾害分类体系研究》，很快在《灾害学》杂志上发表了，更有意思的是，文章发表后不久我就收到了一封从中国科技大学寄来的信，这封信是中国科技大学地球物理系的彭子诚教授和孙卫东博士寄来的，里面有一篇文章的打印稿，是对我发表的这篇文章提出的质疑和商榷，而且很快该文章也在《灾害学》杂志上刊登了出来。我认为这是好事，有人质疑讨论说明这篇文章有价值。当时我还想继续写文章跟他们探讨，把这个事情跟张波老师说了之后，张老师对我说大家感兴趣也就行了，没有必要始终去纠缠一个问题，由此打消了我继续讨论下去的念头。

多年以后，我偶然之间发现这篇文章还有人在发文讨论，比如郭强的《再论灾害类型划分问题——兼与卜风贤先生商榷》。为什么大家对这个问题很感兴趣呢？我想是因为我抓住了一个根本的、带有共性的灾害学理论问题，对于这个问题，大家可以提出各种不同的认识和看法。后来我想，做学术研究的过程中，一些关键问题、共性问题很容易引起同行的共鸣，这也算是一种经验。

其次是中西灾荒史的比较研究。这是我在博士毕业以后就有的想法，当时想着博士虽然毕业，但是学无止境，不能就此止步。在 2001 年 3 月的时候，我就想联系做博士后，把研究继续推进。我和张老师谈了想法之后，张老师的意见是不必拘泥于国内，可以考虑向国外发展。我当时对国外的情况了解比较少，一开始不知道联系哪里。后来想到科技史领域的重要机构李约瑟研究所，于是就开始联系。那时候是 4 月份，当时个人上网很不方便，但是图书馆可以上网查阅、收发邮件。因为我经常泡图书馆和老师们非常熟悉，所以我就去图书馆找他们帮我发邮件。我当时联系的是李约瑟研究所的莫菲特（John Moffett）先生，他回复得很快，让我准备一些材料给他邮寄过去，之后就一直都是他跟我联系。

我现在记得很清楚，材料里面有英文成绩单、博士期间的课程成绩单，还有研究计划等。成绩单容易准备，但是研究计划却让我犯了难，如果是写隋唐、宋元农业灾害史研究，这样的申请与李约瑟研究所的研究主旨不符。当时我就想到了中西灾荒史的比较研究，实际上那时候我也不太了解国内中西灾荒史比较研究的状况。材料邮寄过去以后，好长时间不见他们的回信，博士论文答辩、毕业之后我就给忘记了。直到当年9月、10月的时候，我登录邮箱，发现有一封未读邮件，是李约瑟研究所的苏珊（Susan Bennett）女士发过来的，信中说我们已经确定录取你为李氏基金的访问学者来我们这里交流，但是寄出邀请函之后一个多月也没有收到任何回复，如果有变故请尽快回复邮件告知。我赶紧发邮件解释，说我确实没有收到邀请函。随后他们让我提供了一个传真号，给我传过来一份邀请函，我拿着传真去办了手续，就这样去了英国。在李约瑟研究所，我碰到了多位国内现今研究科技史的顶尖学者，比如中国科学院的刘钝教授，他是国际科技史学会的主席，同时也是李约瑟研究所的理事，可以参加理事会。

因为这个机遇我开始做中西灾荒史的比较研究。在李约瑟研究所了解情况以后才发现，中国的灾荒史研究与西方的灾荒史研究差别很大。2000年前后，我们国家的灾荒史研究，在深度方面做得还不够。而当时西方国家做灾荒史研究不仅有区域灾荒史、灾荒史个案研究、灾荒经济史、灾荒社会史等专门工作，而且在研究理念、研究方法等方面都和我们截然不同。

第一个就是灾荒理论方面的研究，当时通过劳埃德（Geoffrey Lloyd）教授联系，我拜访了诺贝尔经济学奖获得者阿马蒂亚·森（Amartya Sen）教授，就是《贫困与饥荒》的作者。为了拜访森，我做了一些准备，对他的作品做了一些了解，也思考了一些问题。森能从经济学的角度对饥荒问题做这么深刻的研究已经很了不起了。我们国家现在一提起来就说是灾荒之国，灾荒事件众多、灾荒资料丰富，但是国内的经济学家很少从经济学的角度对灾荒问题做出深刻的思考和研究，反倒是森，从经济学的角度对饥荒问题提出了一整套的解释。森当时的理论是什么呢？就是饥荒与制度有着密切的关系。饥荒的发生不是因为食物不够吃，而是因为分配不公，是由制度因素造成的。当时我对森提出了一个看法，就是制度固然很重要，但只是一个方面，无法全面解释中国历史上的饥荒，从历史的角度来认识饥荒的话，饥荒应该是一个科技问题，中国历史上饥荒的发生是在面临一定技术瓶颈的情况下出现的一种特殊状态。

第二个认识是西方的灾荒史研究起步比我们早，涉及的范围也比我们宽。比如，我当时在做中西灾荒史比较研究时找到了一篇 19 世纪 70 年代的文章，作者沃尔福德（Cornelius Walford），题目是“The famines of the world，past and present”（*Journal of the Statistical Society of London*，1878），内容讲的是过去几千年的世界灾荒史，现在来看那个篇幅完全是一本学术著作，但是当时它是在学术期刊上发表的论文，这篇文章我经常引用。所以说西方早期的灾荒史研究至少可以上溯到 19

卜风贤教授与阿马蒂亚·森教授会谈后合影于英国剑桥大学三一学院院长办公楼

世纪 70 年代的这篇文章，它是一个比较大的灾荒史的综合性研究工作。还有从地域范围来讲，有做欧洲灾荒史研究的，也有做其他地方灾荒史研究的，我当时收集到一本专门写古埃及灾荒史的书，这样的成果在国内几乎都见不到。中国学者做灾荒史研究，地域空间几乎就限定在国内的范围，视野不开阔，没有一个宏观的世界性灾荒概念。

还有第三点感受，西方灾荒史研究中一个很大的特点就是学术专一性。比如爱尔兰都柏林大学的科尔马克·奥格拉达（Cormac Ó Gráda），他的专业是经济史，研究领域是爱尔兰大饥荒，全部工作都是围绕着爱尔兰大饥荒来做，写了很多文章和著作。看到他的工作以后，我感觉很惊讶，爱尔兰大饥荒和我们国家的一些灾荒案例相比并不算特别严重，但是西方学者把这样一个灾荒案例作为大事件来处理，而且是长期关注，这种对学术的执着也让我感到很震撼。我回国以后，在 2006 年的灾荒史年会上专门和山西大学的郝平教授等人谈起。我说 1850 年左右的爱尔兰大饥荒死亡 100 万人，他们都这么关注，而我们 1875 年左右的丁戊奇荒死亡 1000 万人，严重性是爱尔兰大饥荒的十倍，但是在 2006 年关于丁戊奇荒的研究仅有几篇文章，我们对灾荒大事件的关注很不够。我认为山西的学者做丁戊奇荒研究有地利之便，丁戊奇荒应该作为山西大学的一个主攻方向。郝平教授团队近几年做了不少关于丁戊奇荒的研究，这个工作具有非常重要的学术意义。

这是当时对西方灾荒史研究的几点初步印象和认识。我当时主要做的就是对比研究发生在两个不同空间的灾荒事件以及它们的后续影响，它们的发展到底是沿着什么样的路径？有哪些问题？在李约瑟研究所一年的时间里，我收集了大量的资料，关于中西灾荒史的材料基本上都收集到了。后来的成果就

The FAMINES *of the* WORLD: PAST *and* PRESENT. *By* CORNELIUS WALFORD, F.I.A., F.S.S., *Barrister-at-Law, and Fellow of the Royal Historical Society.*

[Read before the Statistical Society, 19th March, 1878.]

CONTENTS:

MY present subject has at once the advantage and the disadvantage of being novel. I do not find that any previous writer has deemed the subject of famines worthy of careful investigation. I could not find, when I required to write upon the subject some two years ago, that even a list of the famines which had occurred in the history of the world, so far as we know of that history, had been compiled. I then made the chronological table, which I shall presently give, as a first effort in this direction. I felt that it must necessarily be incomplete. I have since added to it, and begin to hope that it is now sufficiently matured to be presented to this Society.

It is not so much a mere table of famines, instructive as I venture to think such records are, when compiled with any view to completeness, that I desire to bring before you this evening. There are many direct and indirect considerations arising out of the subject, which naturally commend themselves for elaboration. Anything affecting the food supply of the people has always been regarded as of importance here. Famines too often affect the very existence of the peoples among whom they occur. A table of the total deaths resulting from famines, even in one generation of men, would present a terrible picture. This can never be presented: the materials for its compilation nowhere exist. I know of no more terrible contemplation than that of the starvation of large numbers of our fellow creatures. Some writers have appeared to look upon famines as furnishing one of the necessary checks, upon what they

2 G 2

沃尔福德《世界的饥荒：过去和现在》(1878年)

是接连发表了四篇研究中西灾荒史的文章，一篇在《经济社会史评论》上，一篇在《自然杂志》上，两篇在《古今农业》上。中西灾荒史的书稿也整理了大概二十万字，现在准备把这个书稿加工一下出版。所以中西灾荒史比较研究的最终成果可能是要以一部著作的形式来呈现，这件事在最近这几年会落实。现在来看，我在国内的灾荒史学界也算是对中西灾荒史问题关注比较早的人。到现在为止，世界范围内的灾荒史比较研究也并不多，这方面的工作大家一直在提，但是真正动手做的人很少，主要还是语言的问题，材料有很多，但是读起来很费劲。所以中西灾荒史的比较研究还是有进一步拓展的必要。

闵祥鹏：全球史视域与中西比较一直是西方学者研究中国的重要视域，也是值得我们思索的重要方面，《剑桥中国史》的主编崔瑞德（Denis Twitchett，又译为杜希德）先生在1970年左右曾经写过一篇文章，论述中国与君士坦丁堡发生的疫病之间的联系。这种突破行政区划、地理格局的跨区域比较的思路确实值得我们借鉴。

卜风贤：中西方灾荒研究中既有研究理念、研究方法的差别，也有学术视野的不同。我们知道西方汉学家在中国问题研究中往往有独到见解，如科技史领域的李约瑟问题、经济社会史研究中的大分流概念等，从中可见西方学者的真知灼见，他们往往发人所未发之言，值得我们中国学者学习借鉴。中西方灾荒史研究中已经做了很多综合灾荒史研究，对比较中西方灾荒的历史规律有很大帮助。但是在整体把握中西方灾荒特征的基础上，我们还需要对更多的具体问题进行思考与讨论，这就要从灾荒事件做起，做好个案性的比较灾荒史研究。从我个人的情况来说，前些年做了一些中西灾荒史的研究，后来转向历史灾荒事件的研究。所谓历史灾荒事件研究就是除了农业灾害史研究、中西灾荒史研究以外，灾害分布、灾害社会、减灾问题等研究都是基于历史灾害事件而展开的，在这些研究工作中，历史灾害事件始终是我关注的焦点和主体。在这方面，我写了一篇《中国古代的灾荒风险与粮食安全》，从灾害的角度讨论粮食问题，后来《科学时报》据此做了一个专访。这次专访安排在 2008 年上半年，当时人们认为国家的粮食安全出现了严重问题，这种气氛弥漫在整个社会，导致大家都很关注粮食问题。《科学时报》专门组织了一个关于粮食问题的专访，叫“问粮系列”，前后发表了六篇文章，前面五篇都是农业科技、农业经济方面的文章，关注农业历史的就只有我这一篇。这篇专访文章是以我的《中国古代的灾荒风险与粮食安全》为基础改写的，主要内容就是灾害事件的风险性，以及它对粮食产量和饥荒的影响。

现在做灾害史研究多以灾害事件为主体进行，但问题是当我们所有的研究工作都以灾害事件为主体的时候会不会显得太单一了，我们是否可以切换一个角度来理解灾害？我们所有的切入点都是以灾害为主体对象，研究灾害事件的发生、研究灾害事件的演变、研究灾害事件的空间分布、研究灾害事件的影响、研究饥荒的社会现状、研究灾荒与政府的互动关系等，实际上不管从什么角度，灾荒事件始终是研究主体，始终是我们关注的焦点。可是我们知道，不管是历史灾害还是现实灾害，其事件主体始终是人、是社会，灾害仅仅是人类社会发展的客体要素之一，是一种客观环境。

去年，我申报教育部基地项目“西北地区灾害环境与城乡发展的历史研究”，主要的出发点就是想把灾荒史研究从以灾害事件为主体扭转到灾害环境上来，这是截然不同的方法。所谓灾害环境的研究就是所有的灾害事件和灾害问题都是我们生产生活和社会发展的一个环境要素，一种特殊的环境状态。我们以往的灾害史研究都是把灾害与社会这两者的互动作为一个等同关系来看待，而我在做灾害环境研究时，是把灾害事件和灾害问题作为一种特殊的环境状态来看待。这是我对灾害环境研究的初步思考。

我们要彻底改变过去就灾害谈灾害的做法，要考虑不同时期、不同区域条件下灾害事件的背景。比如说前段时间我们去考察 1920 年海原大地震遗迹，按照以往的方式，海原大地震研究不外乎时间、经过、灾情、灾后应对等，即使涉及政府和民生，其关注重点也是围绕民生与灾害的关系来做的。那么现在我们研究海原大地震事件应该怎么做呢？我们可以把地震切割成不同的板块来考虑，比如说把甘肃或宁夏的某一部分进行专门的研究。我们也可以从时间上来切割，在地震发生前后它的变化情况是什么样的，即在正常状态下是什么状态，在灾害情况下是什么状态，把同一个受灾地区在灾害情况下的变化与正常状态下的情形做对比分析。比如说海原大地震发生以前，海原县 100 亩耕地中有 80 亩种的是小麦，地震以后，100 亩中可能有 50 亩就不能用了，它就只有 50 亩土地，那么剩下的这 50 亩土地是一个什么样的耕种情况？即思考地震前后灾区的环境变迁。

我们现在不再关注灾害本体，而是关注灾害背景下的人文社会要素，以人为主体研究灾害问题。这是对灾害环境的一些思考，这个工作目前有基地项目支持，我们以后可以做很多的工作，在今后的四五年里，灾害环境研究是我们的一个主攻方向。

还有一个没有涉及的方面就是历史灾害地理。历史灾害地理现在也有专门的研究，但实际上也是提的多做的少，我所在的单位是以历史地理研究为基础的，所以我过来以后结合自己的研究方向和单位的工作要求，就往历史灾害地理这方面思考。现在大家对历史灾害地理研究的讨论还不是很充分，与历史灾害地理相关的研究在过去比较多，就是历史灾害的时空分布，特别是历史灾害的空间分布。但是我一直认为历史灾害的空间分布这个工作仍有拓展空间，这里有几方面的因素：一是需要大数据的支持，要尽可能地对历史灾害的资料进行全面整理、甄别，要正确识别历史灾害资料中的地理信息，建立庞大的数据库，要有大数据的支持才能得出比较切实可信的历史灾害时空分布。但是现在的问题是资料不充分，对资料信息的量化不太合适，加之其他的问题，结果出现重复性研究的情况。二是注意力太分散，你做陕西的我做河南的，或者是你做三五个县我做七八个县，没有很好地解决历史灾害空间分布的核心问题。当然现在也有人申请了一些大项目、大课题来做，希望能够在历史灾害的时空分布方面有所作为。但是历史灾害的时空分布研究并不是真正意义上的历史灾害地理研究，我认为历史灾害地理研究应该关注历史灾害区，特别是历史上重灾区的形成、发展、分布、类型，以及它的人文社会基础。

我们这几年在招收博士生从事一些这方面的工作，总的来讲在历史灾害地理方面研究方向很明确，但还是处在一个探索的过程中，毕竟这是一个新的学科方向。当然这一方向受到像复旦大学历史地理研究中心以及其他一些历史地理研究机构的关注，在学科方向的把握上应该没什么大的问题。

还有一个我们过去也关注的问题，就是灾害发生以后的政区调整，这也是历史灾害地理的内容之一。过去几年我指导一个硕士研究生专门做了这方面的研究，虽然工作量不大，但是对灾后政区调整问题有所探索，也有一些心得收获。

最后一个内容就是我刚才讲到的历史灾荒社会。历史灾荒社会是我们现在的一个想法，还没有具体去落实，但是我们认为历史灾荒社会的研究应该是灾荒史研究下一个重要领域。这里所讲的历史灾荒社会，不是我们现在所做的灾荒与社会关系、灾荒与社会互动的研究，历史灾荒社会是一种状态。我们都知道在中国历史上发生过很多的灾荒事件，灾荒史研究灾荒事件发生以后对社会的影响。中国是灾荒之国，历史上灾荒事件接连不断，民生维艰，历史灾害的发生对社会发展产生了直接的影响。但这种影响到底有多大？对中国社会的发展产生了多大的改变？这里的改变指的是灾荒因素对中国社会发展方向、道路选择的重要影响。

闵祥鹏：每当我们谈到灾害史，总会给人以沉重或者负面的印象，确实没有看到它的负面背后蕴含的对社会与历史的强大推动力。例如黄河是一条害河，五千多年来决堤、改道危及着沿黄亿万民众；但是它同时也是一条益河，带来了充足的泥沙，浇灌孕育出万亩良田，推动着中国传统农耕文化的发展。您的这些看法确实可以颠覆我们对灾荒的理解。

卜风贤：所以我们必须面对一个客观历史现实，中国就是在灾荒的作用下一路曲折走来的，现在的社会状态与历史灾荒的影响密不可分。所以我们不仅要看到灾荒的负面影响，更要看到在社会发展过程中，人类面对灾荒所积累起来的经验。中国相对于其他国家来说，是一个特征非常突出的灾荒社会，社会方方面面都渗透着灾荒的因素。这里我讲的是一种结果性状态，而不是过程性状态。我们要做的历史灾荒社会的研究有很多方面：一方面是历史灾荒与中国传统社会历史进程之间的关系，在中国社会的历史进程中灾荒到底产生了多大的作用？我们应该怎样评价？既要评估灾荒施加给中国社会的影响到底有多大，也要分清楚哪些类型的灾荒对社会有直接的重大影响。另一方面是在初步认识了中国社会中灾荒的色彩、成分、特性之后，我们要通过历史研究进一步挖掘出中国社会的灾荒特性到底表现在哪些层面。要认识中国传统社会，需要从灾荒的角度去分析它与灾荒有关的特性到底是什么，我们对这一点还不是很清楚，所以我觉得有必要做这样的研究。当然这只是一个思考，现在还不是很成熟。

后　记

夕阳西下，临别西安，回首凝望，西北的风吹过了这座繁盛千年的古城，目之所及，都是历史的见证。自古以来，“凡有所害谓之灾”“害物曰灾”。灾害在民众的眼中永远是负面的创伤，却从未辩证地思考过它的价值。正如卜风贤教授所言，中国传统的农耕社会正是在一次次面对灾荒的过程中，积累起越发强大的抵御能力，延续着文明的根脉，推动着历史的进程。灾害并不都是“害”，它有更为深层次的社会价值。

访谈现场

杜陵叟

［唐］白居易

杜陵叟，杜陵居，岁种薄田一顷余。
三月无雨旱风起，麦苗不秀多黄死。
九月降霜秋早寒，禾穗未熟皆青干。
长吏明知不申破，急敛暴征求考课。
典桑卖地纳官租，明年衣食将何如？
剥我身上帛，夺我口中粟；
虐人害物即豺狼，何必钩爪锯牙食人肉？
不知何人奏皇帝，帝心恻隐知人弊；
白麻纸上书德音，京畿尽放今年税。
昨日里胥方到门，手持敕牒榜乡村。
十家租税九家毕，虚受吾君蠲免恩。

叁

作为灾荒的一个重要组成部分，瘟疫在前人的研究中最多只是被简单提及，很少有专门讨论。我在做博士论文《清代江南的瘟疫与社会》的时候，认为瘟疫史其实是一个纯粹的社会史研究，当然亦可视为是灾荒史研究。这类研究不应从纯粹的自然科学角度去探讨，更应从灾荒社会史的视域分析，比如我会更多地关注瘟疫所引发的社会反应及其影响。

——余新忠

受访学者：余新忠教授

访谈时间：2017 年 7 月 20 日 10：00—11：30

访谈地点：南开大学明珠园

访谈整理：赵玲、徐清

个人简介

余新忠，1969 年生，浙江临安人。1991 年毕业于苏州铁道师范学院历史系，获学士学位。1994 年、2000 年分别获得南开大学历史学硕士、博士学位，博士论文《清代江南的瘟疫与社会》入选“2002 年全国优秀博士学位论文”。2003 年 2 月—2003 年 9 月，在东北师范大学留日预备学校学习。2003 年 10 月—2005 年 9 月，在日本京都大学从事博士后研究。现任南开大学历史学院暨中国社会史研究中心教授、博士生导师。

研究方向：疾病社会史、灾害文化史

才高识妙，探其理致

——余新忠教授访谈

导　言

7 月下旬仍旧闷热，却难掩天津中西合璧、古今兼容的独特之美。到达南开大学时已是午夜，声声蛙鸣划破寂静的校园，似乎要留住我们匆忙的脚步。在这里我们要拜访余新忠教授。在 2003 年那场举世闻名的 SARS 来临之前，余新忠教授的博士论文《清代江南的瘟疫与社会》入选了“2002 年全国优秀博士学位论文”，这就是一位优秀学者敏锐的问题意识与高度的前瞻性。

访谈记录

闵祥鹏：您的博士论文《清代江南的瘟疫与社会》入选“2002 年全国优秀博士学位论文”时，我刚刚进入灾害史研究领域。您可能很难料想您的入选对我们这些起步者而言，有着怎样的鼓励与启示。记得我第一篇论文就是写唐代疫病。但当时瘟疫与社会研究并非史学热点，您却把握住了这一学术前沿。在您学术研究的初期，是如何将灾害史研究与社会史研究相结合的呢？

余新忠：我从事灾害史的研究，实际上与我所学专业有很大关系。1994 年我到南开大学从事中国社会史的研究，当时比较关心士人群体的相关情况，再加上我在本科时也关注民众生活，这两方面因素结合，使我注意到社会救济问题的重要性。民众生活中发生灾害就必然会有救济，而社会救济中很重要的群体就是所谓的绅富，其中士人起着主导作用。

大概在研二时，我开始从事苏州丰豫义庄的研究，丰豫义庄的主持者潘曾沂出自苏州一个很有名的家族——潘氏，潘曾沂中了举人但没有考上进士，在京城为官几年后回到老家。潘家在乡里的地位及威信很高，潘曾沂回到家乡后就开始经营丰豫义庄，原本大家都认为丰豫义庄是潘氏家族的义庄，但是我在看资料的时候发现其实并不是，潘氏家族有自己的义庄，叫松鳞义庄。丰豫义庄救济的对象基本上是面向邻里的，所以其实际上并不是一个家族的义庄，而是一个为了对乡邻进行救济的市场机构，这就引起了我的兴趣，由此我开始关注社会救济的问题。

我在写硕士论文《清前期浙西北基层社会精英的晋身途径与社会流动》的时候，涉及的方面比较广，基层社会精英有一个很重要的工作就是救济，而灾荒发生之后离不开救济，就是在这样的背景下，我开始正式接触社会救济。1997 年我开始读博士，当时有一个想法就是写文章应该集中主题，正好随后的 1998 年社会史年会在苏州召开，需要我提交一篇论文，我就想写一篇既与救济有关，又能与我当时所关注的国家和社会的关系结合起来的文章，后来发现史料中关于道光三年苏州大水的记载有很多，于是我就选择了这个问题作为研究对象。

1997 年到 1998 年上半年，我写了一篇《道光三年苏州大水及各方之救济——道光时期国家、官府和社会的一个侧面》的论文发表在了《中国社会历史评论》上，这篇论文可以说是我写的跟灾荒有直接关系的第一篇文章，对我后来的认知产生了很大的影响。传统上，我们一般认为嘉道之际的清代社会吏治比较腐败，开始走向没落，但是我在梳理道光三年苏州大水的史料时，发现当时虽然官方的社会救济体系已经毁坏了，但是民间的社会救济机制还是比较完备的，而且处在不断发展的状态中。我将这个结论与之前写过的关于苏州丰豫义庄的研究进行对比，就感觉到嘉道时期的江南地区，并不是以往认为的已经走到了一种非常腐朽没落的社会情景，实际的情况是士人能够在当时比较复杂的国内和国际的社会形势下，根据现实条件不断地调整以适应社会的变化，同时不断地提出一些推动社会前进的举措。这些事实对我产生了比较大的触动。

通过民间的社会救济，加上官方也采取了不少灵活的救济举措，灾荒发生之后产生的一系列问题得到了补救。因此，我们虽然不能说当时的救灾是尽善尽美的，但是也不能说是可有可无的，这些救济措施对灾荒年景下民众渡过难关还是有着很重要的意义。

闵祥鹏：21世纪之前疾疫史是很少被关注的领域，中国传统社会一直将疾疫视为重要的灾害，“灾疫”“疫灾”等词汇也往往同时出现在正史的记载中，我们都知道您后来的研究大多是围绕着疾病、医疗等方面展开，是否在您的研究初期就已经意识到了这将是未来学术发展的重要领域?

余新忠：苏州丰豫义庄的研究和道光三年苏州大水的研究，是我学生阶段完成的最重要的两篇论文，对我后来的学术进展产生了重要的影响。这是我开始关注灾荒史的缘由，但是在这个过程中，引发了另外一个对我后来的学术产生重要影响的契机，从而使我走上了研究疾病医疗史的道路。

在写道光三年苏州大水的过程中，我发现了其他一些史料，是关于嘉道之际江南大疫的，但当时我并不清楚这个疫病的具体情况。我是通过后来的研究得知，嘉道之际正好是真性霍乱传入中国的重要时期，得这种病的患者看起来比较奇怪，且死亡率较高，对当时中国社会造成了一定的冲击。

在这样的情况下，当时的文献留下了很多相关的记载。道光三年的水灾被认为是50年不遇的水灾，嘉道之际的大疫也是一种大家从来没有见过的疫病，从未见过的病症、强传染性以及高死亡率，给了人们非常大的刺激。而关于这两个事件的资料往往是放在一起的，所以我在看道光三年水灾资料的时候，就顺便收集了嘉道之际大疫的资料，这些资料生动而丰富，但是当时并没有人研究。我觉得很奇怪：为什么没有人研究呢？研究疫病究竟有没有意义？

后来我在写完《道光三年苏州大水及各方之救济——道光时期国家、官府和社会的一个侧面》那篇文章之后，就把关于疫病研究的设想与冯尔康老师和常建华老师交流了一下，他们听了之后，表示支持我的想法，并告诉我说，这个研究虽然会有一些困难，但是值得去探索。另外有一个更重要的缘由是，1998年的社会史年会上冯老师正好写了一篇总结当时社会史研究的论文，里面特别提到了台湾的生命医疗史研究。我当时的想法是从史料中自发产生的，并没有理论指导。冯老师介绍的台湾相关研究成果一下子打开了我的思维：竟然还有这样的研究领域？那么这样的研究在现代学术中应该是一个很有发展潜力的新兴领域，这就更增加了我的信心，觉得这个研究值得去做。

但是我没有任何医学的背景，我的老师们也没有人做过疾病的研究，我担心这方面的资料会不会比较零散，可能没法写一篇博士论文。但又觉得这样一个有意思的问题值得去尝试一下，真做不下去的时候再说。我开始做准备，发现找资料的问题不是很大，但是有另外的困难需要克服，比如说医学史的知识。当时我所了解的医学知识就是教科书里面最基本的，而关于疫病的研究在国内是没有人做的，国外也很少有借鉴。于是我就自己去学，看中医相关的论著，包括医学史的研究、中医学概论、与瘟疫有关的传染病学等。我专门用了半年多的时间去学医，那段时间甚至都没学历史。

作为灾荒的一个重要组成部分，瘟疫在前人的研究中最多只是被简单提及，很少有专门讨论。我在做博士论文《清代江南的瘟疫与社会》的时候，认为瘟疫史其实是一个纯粹的社会史研究，当然亦可视为是灾荒史研究。这类研究不应从纯粹的自然科学角度去探讨，更应从灾荒社会史的视域分析，比如我会更多地关注瘟疫所引发的社会反应及其影响。在这篇文章里我用了大量的篇幅来梳理当时灾害的种类和分布，我觉得这应该属于灾荒史的研究，当然这个灾荒史跟传统的灾荒史有所不同，它同时也是一个疾病医疗史的研究。总的来说，这个研究方向不是在纯粹的灾害史领域里面展开的。这就是我进入灾荒史研究领域的大概情况。

闵祥鹏：*除了许多关于医疗社会史方面的论著，您在社会史、新文化史、生态史等理论架构方面，也有了很多新的思考。那么从灾害的社会救济、国家关系等方面如何切入文化史、社会史呢？*

余新忠：这个研究做完以后，我做的工作基本上是不断地在发展疾病、卫生和医疗这些问题，努力推进国内医疗社会文化史的发展，没有再去过多地关心灾害的问题。那时候我还参加了夏明方老师领衔的清代灾害史研究，在编写的《清代灾荒纪年》里负责的是乾隆时期。

当然在这个过程中我也有其他的一些思考，比如在现在的新形势下，我们应该如何利用新的学术理念开展灾害史研究，如何在文化史的视野下来开展灾害史研究，如何在新史学的视野下更好地展现灾害史的意义和价值等。

刚才谈到，我的博士论文写瘟疫是源于博士初始阶段写道光三年苏州大水时产生的问题意识。硕士论文写基层社会精英，跟我此前做社会救济史有关系。社会救济史里我们称呼士人为“社会精英”，但是我后来更愿意用“乡贤”这个词。“社会精英”是从法文翻译过来的，但是放到中国的语境里使用“乡贤”可能会更好。在明清时期的社会生活中，乡贤群体在应对地方公共事务的过程中起着很重要的作用。我们都知道明清时期地方政府的公共预算其实是没有增加的，甚至还有所削减，同时随着人口的增加，地方社会的事务却越来越多。在这样的情况下，地方社会的公共事务往往是由乡贤来承担的，这就涉及所谓的公共领域问题。

公共领域是哈贝马斯（Jürgen Habermas）在20世纪七八十年代提出的，受到西方史学界的广泛关注。在西方的认知里，现代资本主义的兴起和现代社会的诞生，与新兴的资产阶级精英所主导的公共领域的兴起有着非常重要的联系，它代表着现代化的发展方向。但是中国的情况是不是这样的呢？当时美国的很多学者，比如罗威廉（William T. Rowe）、萧邦齐（Robert K. Sohoppa）等都受到公共领域研究的影响，他们认为明清时期的中国社会，虽然与西方有所不同，但是大概也有这样的一个发展进程，即民间乡贤所做的工作其实也有公共领域的意味。

这样的认知触发了我对国家和社会关系的关心，由社会救济到基层社会精英，由此引发我对明清社会公共领域发展对中国社会的影响的兴趣，这也是我的博士论文里非常重要的一个内容。另外一个内容跟我做的灾害史研究也有密切的关系。我是在 1997 年开始关心道光三年的水灾，1998 年写成文章。在写文章的过程中发现了一个问题，就是我们一般认为嘉道时期的中国是一个腐朽没落的社会，但是我发现当时社会的内在反应机制其实并没有像我们原来设想的那么不堪，它仍然在很不错地运作着；一些民间的社会力量能够根据当时出现的新的社会问题不断地调整自身，推出一些新的举措来解决问题。这个现象引起了我的思考，我在做博士论文的时候就沿着这个思路进行了深入的研究。所以在我的博士论文里面，重要的问题有三个，其中两个就是刚才说的国家和社会的关系问题，以及通过观察瘟疫的发生和社会对瘟疫的应对来看明清社会到底是停滞还是发展的问题。

这些观点与我们对中国传统社会的认识相联系。我们在 20 世纪 90 年代读书的时候跟现在的环境不太一样，那时候尊崇社会发展的五个阶段论。从现在的眼光来看，我们过去对唯物史观的应用比较教条，认为生产力决定生产关系，经济基础决定上层建筑，生产关系在社会发展的初期适应生产力的发展，上层建筑适应经济基础，生产关系和上层建筑会促进社会的发展，而在社会发展的末期就会反过来产生阻碍的作用，就需要突破。但是到了明清时期特别是清代的中后期，根据这个理论，就会得出一个结论，即那个时候的生产关系、上层建筑都不适应当时社会的发展要求，是停滞的、没落的。过去讲近代史的时候，首先都要讲传统如何有问题，然后讲近代如何在新的形势下发展。传统基本上成了我们近代社会的一个起点，或者是跟现在相对的一个反面典型。

正如我在博士论文里想讨论的，史料呈现出来的情况并不是这样的，所以我在当时既有的相关论述基础上进一步地思考，从地方的角度去看明清社会，是不是像我们一般认为的那样就是停滞的。结论是并没有停滞，当然这个发展跟西方突飞猛进的发展相比是不一样的，如果放在中国自身的发展脉络中来看又是另外一回事。从这里我们还可以进一步看到，所谓的传统并不是一个本质性的东西，传统也在不断地演变。

从中国自身的发展脉络来看，医局、医坊是在嘉道以后才大规模出现的新事物，钱庄、票号的大量兴起也是从清代开始的。就是说我们以往的认知可能有一些把传统本质化，没有以一种发展变化的眼光来看待传统。由此引发我进一步思考：明清时期的中国，虽然跟西方相比没有发生翻天覆地的变化，但是绝不是像我们以前想象的那样是停滞、没落、僵化的。这是我在论文里面着重探讨的问题。

民国灾民（转引自马罗立《饥荒的中国》英文版）

另外一个就是我刚才说的国家和社会关系问题。西方的概念、理论对于我们分析中国自身的社会具有启发意义，但是我们要避免把西方的理论套用在对中国的研究上。中国自身的发展道路和西方不太一样，我们还是应该以自身的发展脉络来理解中国的历史发展。当然这种理解不是关着门来理解，而是要打开视野，放在国际的背景中来思考和观察。

在这样的角度下，再来看民间的公共领域问题。我通过自己的研究，认为明清时期公共领域确实是大量存在的，原因有以下几点：一是地方社会上有大量的事务需要当地的士人来承担；二是当时在科举制度下出现了大量有功名的读书人，但是官缺有限，他们之中的很多人其实并没有得到当官的机会，而且还有官员致仕或是因为其他原因辞去官职返回家乡，所以导致大量有身份、有地位的人留在地方社会，这些人有能力也有身份，自然不甘寂寞，想要发挥他们的作用。在这两个条件的结合之下，只有公共领域能够使这些乡贤们很好地利用他们的资源，从而在地方社会的事务中起到重要的领导作用。比如说建立慈善组织、组织民众建立公共设施、引导地方社会的舆论、主持社会的公断等事务，都使他们在当地社会中产生了广泛的影响。

这样一种公共领域的发展是不是真的像西方那样促进了现代资本主义的发展，可能不见得。因为在当时的西方，封建主与新兴的资产阶级是处于对立的关系，公共领域的兴起必然要和原来的公共权力发生碰撞和对抗。但是在中国我们看不到明显的对抗，这些地方的乡贤们在做公共事务的时候往往是得到了地方官员或者更高级官员的授权，所做的工作往往也是政府想做而无法做的一些事情。在这个过程中，这些做公共事务的乡贤并不是和政府处在一种对抗的关系，而是一种互补的关系，乡贤们做的工作正好弥补了官方行政能力不足的问题。

从中国自身的发展脉络中来理解可以看到，公共领域作为一种新的现象，对于中国历史的发展来讲是有意义的，是适应中国社会自身出现的问题而产生的历史现象，它的意义不在于要跟朝廷、官府对抗，形成独立的、具有民主意识的新型社会力量、新的社会制度，它的意义是有利于地方社会的发展，也有利于整个社会的和谐稳定。

这是我在论文中着重探讨的两个问题，另外一个问题当时也想到了，但是我觉得探讨得不是那么充分，而且这些年我也没有很好地推进。这个问题就是如何来看待清代江南的社会特质，也就是它真正的自身演进脉络。我觉得做江南研究的学者，这个问题目前来讲都做得不够好，华南研究者、历史人类学者在这方面做得比较好，而且可以说是对地域史的研究起到了极大的推进作用。

过去江南史的研究都跟国家混同在一起，江南的发展就是中国的发展，江南是中国发展的一个代表，而比较少关心江南这一地域社会自身的特色和它自身的演进脉络是怎样的。我虽然在这方面做了一定的工作，但做得还不够好。江南在当时的中国处在相对领先的位置，公共领域中地方士绅的力量比较强大，也是江南的特色。但是如何放在地域的脉络中更好地和其他地域做一些比较，通过比较来看它自身的特点，这是当前的研究中比较缺乏的。

闵祥鹏：邓拓先生的《中国救荒史》已经出版80年了，灾害史研究逐渐出现了研究瓶颈期。您近年来一直从事新史学的推进，那么如何在灾害史研究中融入新的学术潮流呢？

余新忠：我后来做的工作基本上是如何推进我国新史学的发展。我们有《新史学》刊物，也有一些学术共同体的松散组织，但不像华南研究，他们是有着非常明确界限的一群人。当然这个我们也有，比如说孙江、黄兴涛、杨念群他们领头的“新史学编委会”，我们也聚过几次会，写文章有时候也相互援引，但是我们并没有一种明确的标识，或者说大家没有共同的主张。但是大体上有一点是类似的，就是我们不从地域史的角度出发，而更多地愿意从专题史的角度出发来推进国内史学的不断发展，并引入新的理念和方法。比如说杨念群早期提出来的“新社会史”，我们现在的“新史学”。同时倡导一些新的学术潮流，比如新文化史、概念史、日常生活史、医疗史、图像史、环境史等。

近几年我跟华南研究者有了进一步的交流，觉得地域史还有研究的空间，因为他们在田野调查中也发现了大量的疾病应对和医疗的问题，但是没有人去处理这些问题。我觉得如果不把我们做的研究放到地域的脉络中，可能还是会有缺陷的。我最近有一个来自河南的学生，家在禹州附近，就准备做“药都禹州”的研究，我让他要从地域的脉络中看，为什么禹州会成为一个药材集散地，药材这种商品或者与药相关的文化特性是怎样的一种概念，它们又是如何影响禹州的发展的？把这些问题梳理出来，就会很有意义。

现在的学术研究有这样的一个方向，就是把自然科学的方法引入进来。比如我们以前说的计量史学，现在叫量化史学，努力地把自然科学的一些方法运用到历史研究中，通过定级、灾害资料的数据化等把大数据放到地图里面，运用 GIS 技术等让我们看到一般看不到的图景和趋势。现在很多做历史地理和气象学出身的人，往往在做这项工作，做了很多有趣的图表和计算。这项工作我觉得应该是有意义的，很多工作我们纯人文学科出身的人不一定做得了。

定级能够让我们了解一个时代的灾害大概到什么程度，当然这个问题较复杂，存在的一个问题就是，确定灾害的程度需要对灾害有很多观察和测量，我们对某个时代发生的灾害了解程度的深浅、掌握资料的多少，都会影响到定级的结果。今天比较好办，像地震有等级测定，水灾、旱灾也有很多的数据衡量指标，但是古代没有，怎么根据各种资料的记载来做一个综合的考量？另外一个问题是本身的标准。灾害是自然的，实际上真正表现出来的是灾害对人和社会造成了多大的危害。比如水发得很大但是这一片地方并没有多少人居住，因此灾害并不是很重；而如果水并没有很大却正好将某个地方的水库给冲垮了，给这一片人口密集区造成了很大的水患，死了很多人，这种灾害就是很大。另外就是灾害的等级是以死多少人来计算，还是以损失的财产来计算？所以说灾害标准也是一个比较麻烦的问题，以什么标准来划定有很多探讨的空间，这个工作做起来并不容易，但是做了总是比不做好。

根据相对合理的标准进行灾害等级认定，对我们了解一个时期的灾害肯定是有意义的。做自然科学的人大概希望从里面找到一些灾害发生的规律性，比如气象的演变趋向，这个跟我们人文学科的人做这个工作的目的不太一样。但是这个工作对我们是必要的，我们从他们的研究里面可以大概地了解这个时代灾害的基本状况。另外一个延展的角度可能是人文学科研究更应该展开的，我们做历史学的研究，做灾害史也好，社会史也好，文化史也好，最关心的还是人，人的生活状态、精神面貌，人在社会中的价值取向，以及更加合理的人文关系建构等。历史学从根本上来讲还是一个人文学科，我们要关注人，关心人的思想状态，关心人的心灵世界，仅仅依靠数据性的东西很难做到这一点，因为史料一旦变成数据，就脱离了原有的具体历史情景，出现了新的抽象性意义。

我现在的一个思考是，从 20 世纪七八十年代以来，史学发展有一种社会化趋势，微观史、日常生活史、新文化史、医疗史，还有物质文化史等，这些史学研究方向其实都是努力想把人拉回到历史中来（这里说的人不是抽象的，而是具象的，有血有肉的），让我们通过历史的书写能够把人的故事讲出来。这是我理解的历史学发展的趋向。在这样的情况下，我们对灾害史的研究除了做数据化的处理、大规模趋势的探讨之外，其实还应该对这些史料做更具体、更细致的处理，从具体的历史语境中来阅读这些史料，理解史料所包含的意义，而不是简单地把它们数据化。

比如我在谈文化史视野下的灾荒史研究中的道光三年苏州水灾时，发现一本资料叫《绘水集》，内容是在灾害发生之时以及之后，文人们一起写诗来描述灾害的过程，事后把这些诗编成一本书出版，这在我们今天看来很离奇，发生了水灾之后不赶紧救灾，怎么还有闲情雅致写诗？写诗应该是在比较平和的环境里，哪天大家心情比较好，喝点茶喝点酒写写诗。水都漫到跟前了，还写诗干吗？这就需要我们从文化的角度去理解。诗歌在当时是很重要的文化媒介，也是人们情感的抒发方式，有着重要的现实作用：通过写诗可以鼓励大家出钱出力来救灾，也可以利用诗会组织士人来共同制订救灾的举措。这个时候，就需要我们更具体、更细致地研读资料才能够获取正确的信息。

我们对灾害资料的阅读不要简单地看表面的程式化记载。这样的一种表现形式为什么会出现？特别要注意到很多的表现形式和写法跟我们今天的认知不一致的情况，我们觉得在今天的社会不可能出现的事情，在当时出现了，而且被时人觉得是

七五四

敘古

繪水集序（道光癸巳十月）

震澤王硯農徵君今所謂一鄉之善士也癸巳水災奉其母夫人命輸白金千兩以上郡守者將告者大吏為聞於○朝得邀旌門之榮徵君以是年所作憫災諸詩繪圖徵詠東南士大夫凡目睹顛連之狀耳聞呼號之聲者莫不振觸懷抱形諸篇章積時既多遂成巨冊題曰繪水集會余巡撫吳中屬余請序嗟乎余何以序是編哉方水災時余適陳臬於此顛連之狀呼號之聲目不忍於睹而所睹皆是也耳不忍於聞而所聞皆是也幸也○天子仁聖大賢明郡人士好義濟眾補苴罅漏卒事與斬至今呼號之聲顛連之狀猶無時不在目前而耳中諸詩多有歸美余者嗟呼是殆滋余之咎矣乎夫救荒無善策為民牧者不能備之於未荒之先使吾民歲無菜色而僅恃一二荒政臨事補救即有濟亦不過百之什一耳且此邦自癸未巳來民氣未復辛卯壬辰又値霪潦為患今茲一春皆雨麥僅半稔迨四五月方以雨暘應時為農民幸孰意秋來風雨如晦有恆寒之占黍稷方華而地氣不上騰雖猶是芃芃然也而秀而不實實亦比比矣吳中士女業紡績者什九吉貝之植多於藝禾頻歲木棉又不登價數倍於昔而布縷之値反賤蓋人情先食後衣當儉歲衣雖敝而憚於改為其勢然耳然而貿布者為之衰且矣業績者為之輟機矣小民生計之蹙未有甚於今日也國家歲轉南漕四百萬石而江以南四郡一州居其半矣此四郡一州地才五百餘里耳而天庾之供如是京師官俸兵餉咸於是乎賴惟漸年穀順成猶可為挹注耳顧又遭此屢歉之餘國計與民生有兩妨而無兩濟此所不忍聽觀之聲狀過此以往恐將滋甚嗟乎是固司牧者所滋懼入牛羊之日而余猶得竊位於此其尚可以終日乎式展君斯圖誠念今昔豈止掩卷三歎已耶君誠一鄉之善士也其亟為桑梓策之

雲左山房文鈔

林则徐《〈绘水集〉序》

很正常的情况，这个正是我们要关注的点，可以让我们进一步看到那个时代的文化。再比如说，我们也要看到在当时的灾荒之中留下的很多诗歌、日记等资料中，能更进一步地看到当时人们的心态以及灾害应对背后反映出的时代机制。

我们讲有些地方民众发生骚乱，原因是县令没有很认真地勘灾，没有把灾害的真实情况报给上级。道光三年苏州水灾的时候，松江府就发生了这样的事情。华亭县知县没有把相关的事情报上去，知府也没有太认真对待，结果引起了华亭县和松江府的群体事件，群众冲击华亭县衙，甚至还把知县打了。我们往往会觉得老百姓造反是因为在灾荒之中吃不上饭，生活极度贫困，但实际上如果仔细看灾荒资料，就会发现真正发生骚乱的时候，并不见得是民众真的没有饭吃。具体原因比较复杂，但是导致骚乱的一个重要因素是当时民众的预期和现实之间产生了落差。松江府为什么会发生骚乱？是因为当时形成了一套比较系统的救济制度：一旦发生灾害，官员就要下去勘灾，勘灾之后告诉大家成灾多少分，然后上报。另外一个原因是与周围地区的比较，比如说相邻的县受灾都差不多，他们报了成灾八分、九分，而本县只报了五分、六分，本县百姓就会产生不满。其实发生骚乱并不见得就是老百姓没有饭吃，活不下去了。光绪年间的丁戊奇荒，山西、河南死了很多人，生活极度悲惨，但是骚乱也没有很严重。所以这样的情形我们要注意到，通过阅读资料进一步理解社会预期对社会机制造成影响的历史现象。

另外，很多文献其实是有程式化的，比如说《铁泪图》，反映的就是灾民特别贫困、特别悲惨的景象，但是我们千万不能把这种情形完全当作一种实态。这些图是拿到富裕的或是未受灾的地方给士人看的，为了达到募捐的目的，反映的一定是最悲惨的景象，如果当时都是这种情况的话，那么老百姓早已所剩无几了。

现在从文化史、新史学的角度来看这些问题的时候，要特别注意两点：一是要注意这些资料具有丰富的文化性的问题，二是要理解历史的情景，特别要认识到资料在具体语境下的特定含义，然后再解读资料，不要简单地把资料中的描述当作实态。就像在日记中写东西，与在官方文书中写东西表达的意义是不一样的。当然同样是写日记，有的是写给别人看的，有的是写给自己看的，表达出来的肯定也不一样。我们在阅读资料的时候，要特别注意这一点。

从人文学科的角度来讲，我觉得不要简单地把资料的丰富内涵数据化了，数据化只是一个方面，更重要的还是要在具体的语境中解读史料中蕴含的丰富信息。如果我们对现代的其他学科，像人类学、社会学、哲学等学科的借鉴越多，对很多理论和概念的理解越丰富，从这些资料中能够获得的历史信息就越丰富，所以我认为从事历史研究要有跨学科的思维，不只是从自然科学和社会科学，还要从人类学、文化学等其他一些学科中获得营养。

后 记

在医圣张仲景的著作《伤寒论·原序》中，他说医术“自非才高识妙，岂能探其理致哉”。在疾疫史的研究中，余新忠教授即是才高识妙、探其理致的学者。从医疗社会史的开拓，到新史学的推进，余新忠教授给予我们思考与探究灾害史的另一视角。

疫

［明］汤显祖

西河尸若鱼，东岳鬼全瘦。江淮西米绝，流饿死无覆。
炎朔递烟煴，生死一气候。金陵佳丽门，輻席无夜昼。
脑发寘渠薄，天地日熏臭。山陵余王气，户口入鬼宿。
犹闻吴越间，叠骨与城厚。宿麦苦迟种，香秔未黄茂。
长彗昔中天，气焰十年后。乘除在饥疫，发泄免兵寇。
恩泽岂不洗，鼎鬲多旁漏。精华豪家取，害气疲民受。
君王坐终北，遍土分神溜。何惜饮余人，得沾香气寿。

肆

我在写博士论文的时候，就把李老师、夏老师当成反驳的对象。然后跟李老师进行学术对话。李老师认为观点上他也有正确的地方，不见得都是错的，但是李老师也支持我的想法。他说，你要有道理你就给自己论证吧！后来我的专著要出版的时候，我仍然坚持了自己的立场，与李老师的有些观点甚至截然相反。李老师始终很宽容地对待这种学术争论。

——朱浒

受访学者：朱浒教授

访谈时间：2017 年 8 月 23 日 14：00—16：00

访谈地点：中国人民大学人文楼四楼会议室

访谈整理：赵玲、徐清

个人简介

朱浒，现任中国人民大学清史研究所所长、历史学院副院长，《清史研究》编委。1990 年考入中国人民大学中共党史系，2002 年在人大清史研究所获得博士学位，2002—2004 年在北京师范大学历史系博士后流动站工作，2004—2009 年转入中国社会科学院近代史研究所工作，其间任经济史研究室副主任，2009 年调入中国人民大学工作至今。

研究方向：清代灾荒史、近代社会史、经济史

吾爱吾师，吾更爱真理

——朱浒教授访谈

导　言

骤雨初歇的北京一扫夏日的烦闷，让刚刚抵达的我们感受到了它的生机与活力。骤雨也不禁让我想起2012年“7·21”北京特大暴雨，暴雨致使北京房屋倒塌10660间，160.2万人受灾，经济损失116.4亿元。我曾随一位记者朋友前往灾区，目睹了人类在灾难面前的渺小，感受到人类在执着改变环境后面临的步步危机。如何应对倏忽而至的灾害？这是自古至今难以破解的难题，也是从事灾害史研究的每位学者所期望解答的。中国人民大学清史研究所一直是灾害史研究的重镇，朱浒教授在灾害应对方面的研究颇有建树，他的访谈给了我们很多启示。

访谈记录

闵祥鹏：在您完成博士论文之前，以义赈为题的研究有李文海先生的《晚清义赈的兴起与发展》，为什么您还要继续选择义赈作为自己的主要方向？最近看到您的《晚清史研究的“深翻”》，那么义赈方面的研究是否可以利用该方法呢？

朱浒：两者是可以结合到一起的。当时选择义赈研究，对我而言其实目标并不明确。这主要来自前辈的引导。我从事研究时，学界还是主要探讨灾害发生的基本情况、社会影响等内容。这些固然属于灾害研究，但我们应该关注灾害带给人类的严重影响，也应关注人类对灾害的社会应对。邓拓先生在《中国救荒史》中提出了救灾有消极和积极之分。但我觉得消极的社会应对更主要体现为逃荒，即传统时代灾荒发生后造成饿殍遍野、流人四散的情况。

当然，我们对于传统结论的看法，也随着时代的改变而有所不同。传统时代并不都是消极与盲目。中国作为一个连续传承了几千年的国家，灾害应对有自己一套深厚的传统。在灾荒史研究起步之初，对传统措施评价比较低，因此可以扩展的研究领域并不多。大概从 20 世纪八九十年代开始，学界对这些措施开始有了重新的审视，当时像李文海先生、夏明方先生就开始注意到，传统时代的灾害应对完全具有一些不容低估的价值需要去挖掘。

这些方面在邓拓先生的著述里也曾经提到，只不过当时以邓拓先生为代表的那批学者，主要还是揭露社会应对中的黑暗、落后和腐朽，既没有展开论述，也没有太高评价。其实，在《中国救荒史》里，有几十处地方也无意地表达出灾害应对的积极意义。为什么说是无意的呢？因为旧时代的一些义赈组织与邓拓先生是同一个时代，比如书里提到的华洋义赈会，邓拓先生从头到尾都没有解释过华洋义赈会是干什么的，这是一个什么组织，他只是用华洋义赈会做的一些报告来解释当时的灾情。

在史学界中，李文海老师和夏明方老师较早注意到灾荒救济中积极应对的方面。李老师在 1993 年写的一篇文章《晚清义赈的兴起与发展》，对义赈活动进行了较为全面的勾勒。看到这篇文章之后，我一开始觉得写得很全面了，好像没有什么可写的了，所以对这个问题就没有太多的关注。但是，夏老师

华洋义赈会发起人裴义理
（Joseph Bailie）

仍在关注义赈，并收集了不少材料。他认为晚清时期的义赈还有很多内容在李老师的文章里面没有完全写透，所以建议我还可以认真地把这个研究继续做一做。

我那时候读李老师的文章，读来读去也没有读出什么漏洞，这个问题还能不能再继续深挖下去，其实我当时心里也是没把握。但是夏老师坚信这个问题还有很多内容值得去讨论。李老师自己也对我说，当时他看到的材料有限，很多材料都没有来得及认真地去看，甚至有些情况他也不知道，所以也认为这个问题还是值得研究。在两位老师的鼓励之下，我当时虽然信心不是太足，还是硬着头皮决定试试。

那时候有一个便利条件是，在学校里可以利用影印版《申报》。这套报纸一共有四百册，从1872年创刊，连续出版到1949年。这套大型资料是1982年至1985年之间影印出版的，当时在一些大图书馆，如上海图书馆、国家图书馆以及很多重点大学的图书馆里都有。人大图书馆也有一套，而且可以到校图书馆的过刊阅览室里，直接自行拿过来就看。当时夏老师对我说，他看了其中大概20年的内容，《申报》里面的灾荒材料

河南大学图书馆藏《申报》书影

非常多，特别是关于义赈的内容非常多。他劝导我说，你认真仔细地看，一定会有很多的收获。所以我就耐着性子去翻阅。

像《申报》这类的资料现在说起来显得稀松平常，大家都觉得报刊资料很常见，基本上哪儿都有，现在数据库都出来了，可以直接进行检索，比先前更加方便。但是我们那时候没有这种具有检索功能的数据库，资料都需要一页一页地看过去。一开始，我看了《申报》中前五年的资料还觉得比较轻松，翻了十年的资料时已经开始觉得有些眼花缭乱了。等翻了二十年、三十年、四十年的资料之后，基本上整个人就垮掉了，因为太多了，完全陷入了材料的汪洋大海，处于一种难以自拔的状态。后来我就限制范围，只看晚清时期四十年的部分，因为跨度太大的话，博士期间根本读不完也做不完。从1872年到1912年，这四十年的材料我整整看了一年的时间，当时好像是看了三遍，一页一页地翻过去，阅读笔记大概做了八九本，还只是摘抄目录，具体内容太多了没法抄写。目录做完之后，再把原本拿去复印，复印了几万页资料，这才把晚清时期的情况基本掌握了。

消化材料是一个非常痛苦的经历。但是真正把这些材料消化之后，我发现李老师、夏老师的研究，确实是有不少先入为主的观念，导致一些判断不那么准确。那时候我就开始对李老师、夏老师的看法产生了一些比较大的分歧。在我的博士论文还没有写成的时候，中间就有很多的争论，大概就是关于义赈的起源情形、起源的社会背景，以及基本的社会脉络和社会走向等方面。

后来我在写博士论文的时候，就把李老师、夏老师当成反驳的对象，然后跟李老师进行学术对话。李老师认为观点上他也有正确的地方，不见得都是错的，但是李老师也支持我的想法。他说，你要有道理你就自己论证吧！后来我的专著要出版的时候，我仍然坚持自己的立场，与李老师的有些观点甚至截然相反。李老师始终很宽容地对待这种学术争论。当然李老师也坚持自己的一些看法，我们之间后来也还有争论。

从这个角度来看，研究一个问题确实是需要挖掘更深入的相关材料，有更充分的材料作为支撑，同时我们看问题的视角要更加宽阔，那样我们对于问题的认识才能拥有站在前人肩膀上继续前进的一种力量。如果只是局限于既有的一些材料，或者比较狭窄的一些材料，那么对问题的看法是很难比前人有更多、更深入的进展。就像我们平常提到的那样，不仅要有史料上的扩充，甚至方法论、研究视角的创新也要能跟得上，这两方面得齐头并进，才能对既有成果比较多的研究领域达到一个所谓深翻的效果。这一点不管是对于灾害史，还是其他比较重大的历史事件的研究都是适用的。而要做到这一点，当然需要花时间、花力气去训练自己的理论思维，提高自己的理论能力。

现在做历史研究，常见说法有所谓“史学就是史料学”，

令各縣建設局
第一農事試驗場

為令遵事案奉
實業部訓令內開案據華洋義賑會函稱該會近年由美國輸入各種抗旱作物品種在山東河北山西河南陝西甘肅綏遠等省分別試種成績尚稱優良等情並附具各項報告書前來查利用育種方法選育抗旱作物品種以防旱災確係乾旱區域農業最切要問題該會在我國北部乾旱區域輸入美國抗旱作物品種散給農民種植以期預防旱災用意甚善惟該項輸入作物品種倘未經馴化手續難免將來不因風土差異過甚發生變化應由各省農事試驗場向該會函索該項輸入作物品種切實試驗同時對於中國抗旱作物品種之選育亦應加以注意務期育成抗旱力强之品種散給當地農民種植以防旱災而維農業除分行外合行抄發該會輸入美國抵抗作物品種清單一紙令仰該廳遵照轉飭所屬各農事試驗場一體遵辦並將遵辦情形隨時具報爲要附發輸入抗旱作物品種清單一紙等因奉此除呈復並分行外合亟抄發輸入國美抗旱作物品種清單一紙令仰該局場轉飭所屬農事試驗場 遵照逕向華洋義賑會函索該項品種切實試驗具報核轉爲要此令

山東農礦廳公報 訓令

附發輸入抗旱作物品種清單一紙

華洋義賑會輸入美國抗旱作物品種清單

四月二十七日

一、抗旱小麥
二、抗旱黑麥
三、抗旱蕎麥
四、抗旱高粱
1 外國金黃高粱 (Foreign golden milo)
2 外國白高粱 (Foreign wlrite Kaffir)
3 外國白高粱 (Foreign wlrite hegira)
4 肥德雷塔高粱 (Feterita)
五、抗旱玉米
1 散福氏白硬玉米 (Sanford's wlrite flint)
2 愛奧哇白玉米 (Bone county w.rite iowa)
3 愛奧哇銀鑛玉米 (Iowa siloer mine)
4 金斐里紅白米 (King philip red)
5 米尼蘇打十三號玉米 (Minnesota No. 13)
6 郎驪樸硬玉米 (Longfellow Fiint)

五七

《华洋义赈会输入美国抗旱作物品种清单》(《山东农矿厅公报》1931 年第 7 期)

或者历史就是史料学，我个人觉得这都是有些侧重的说法，其实不能太当真。史料当然非常重要，但是史料和理论是缺一不可的。如果只是把自己局限于揣摩历史的基本资料，而对于理论思维和理论能力的培养没有跟上的话，那么我们做研究就很难推陈出新，很难有一个广阔、新颖的认识角度和路径。

闵祥鹏：*您所讲的前人指引、开辟新思路以及消化材料是我们在进行历史研究中非常重要的环节。其实，对于刚入门的研究者而言，查找史料、利用史料，以及灾害史研究中应把握的方向也十分重要，您可以分享一下您在义赈研究中的思路和方法吗？*

朱浒：我大体将之归纳为两个方面。第一个是关于史料的问题。我们现在经过新一轮的升华以后，对于灾害史的史料，比以往有了一个巨大的扩充。我们以前对材料的搜集可能局限于比较正统的一些文献，比较集中在历史档案、地方志、文集、报刊等文献，这些是大家比较常见的材料，也是做历史研究通常使用和依靠的几大类材料。这几种材料现在来说确实有一个很好的基础，像第一历史档案馆、第二历史档案馆、国家图书馆、上海图书馆等机构，收藏了很多这种档案文献。如一档馆所做的清代灾赈档案史料汇编，里面大概有四万六千件灾赈档案，是从顺治朝到宣统朝的一套系统的清宫档案，可以说是一笔巨大的财富；二档馆里关于民国时期灾害的材料也很多，像华洋义赈会档案全宗，还有1931年江淮大水档案等。这都是规模较大的、中央层次的政府档案。

地方档案馆也存有很多档案文献。现在已经面世的清代地方档案，如河北获鹿县档案、宝坻县档案，四川的巴县档案、南部县档案，台湾的淡水、新竹县档案，还有河南巡抚衙门档案，等等。所以我们现在找灾害材料比以前容易多了。一来灾害史材料确实很多，二来从中可以发现灾害史涉及的领域也很多。像这种比较纯粹的历史文献，历史学者都要习惯于使用。其实，还有另外一些大家通常可能意识不到的文本，也可以作为史料来运用。比如说文学作品，像《老残游记》《官场现形记》这些晚清时期的小说，它本身就是时代的产物，里面涉及的灾害内容，就是时人对灾害的一种体验和认识。对于我们来说，当然可以作为灾害史研究的对象。还有更大的一宗文献，应该是从《诗经》一直到民国时期的灾害诗歌，这方面的传统可以说是不绝如缕。特别是在清代，大概从乾隆时期一直到晚清，以灾荒为主题的诗歌层出不穷，甚至可以说灾荒诗在整个清代诗歌中占有一个不容忽视的地位和体量，成为非常独特的一个现象。

我们现在看灾害史，大家只要把眼光放宽一些，视界放开一点，就能看到灾害对社会的影响和波及面，都是远远超过我们通常想象的。甚至于我们以前没有意识到的一些文字载体当中，可能都会发现关于这方面的记载，包括我们现在做田野调查时发现的碑刻，还有一些我们常见的不是文字而是实物的灾害遗存，这些也完全可以作为历史研究的材料来处理。另外，考古发现的一些文物当中也往往能发现与灾害史相关的内容，值得认真研究。

可以说，在史料方面，我们只要打破原有的限制思维，会发现这方面的范围比我们习以为常的文献范围还要大。我们面对这些东西的时候，怎么去解释、怎么去运用，这对我们的灾害史研究能力提出了一个更高的要求。

第二点，就是当今的灾害史研究大概会有一些什么样的发展方向。这个方向刚才我已有所提及，那就是我们对史料的研究能力，还有对史实辨识、史学素质、理论能力的培养。这么讲有点泛泛而谈，因为基本的历史研究都需要这些。具体到灾害史研究来说，我认为首先要做的就是定位。我们作为历史学出身的学者，要和自然科学出身的学者一起来研究灾情，去探讨自然科学方面的成因，像气候变迁、大洋环流、地质、地理、水文等，这些显然不是我们擅长的内容。我们应该了解，但是我们没有办法去做深入研究，我们不可能在地震构造方面比地震学领域的学者具有同样的研究水平和能力。要一个历史学研究者去判断历史上地震的烈度和等级，或者厄尔尼诺的强度，这是不可能完成的工作。当然，历史学者必须要了解一些自然科学的背景和知识，否则在做灾害史研究的时候，对灾害、灾情、灾因的把握就不免会闹出笑话。

这就是说，我们一定要具备自然科学和社会科学两方面的相关知识，但是要清楚真正擅长的地方在哪里。对于初入门的年轻学者来说，方向和定位是很重要的，不然的话花了很多的力气，研读了很多关于自然科学方面的成果，但是对个人研究来说，却并没有得到真正的提高。我个人在这方面有过教训。当年刚投身灾害史研究的时候，我兴致勃勃地想要了解自然科学方面的知识，花了很多时间去看自然科学方面的灾害学理论，看过之后却发现根本没有能力深入研究。现代的学术研究有着精细的分工，如投入方向错误，恐怕不一定能看到产出。

要从人文社会科学方面来研究灾害史，现在也有一些比较明确的定位。我们以前对灾害史研究形成了一些习惯的套路，当然不是说这些套路没有价值，但是这种价值在大家研究多了之后，会形成某种雷同的固定模式。这种模式本身所能起到的作用，随着类似物越来越多，其作用和贡献就会越来越小。比如，邓拓先生在他的书里提供的对于灾情和救灾的论述框架，虽然看起来当时更多停留于资料的整理，但是这个框架本身是有开创性贡献的。不幸的是，后来许多研究者还在不停地重复这个框架提供的路径，其所做的工作也大多只能陷于基本的资料梳理，根本谈不上有观点和方法的突破。

所以我们现在对于研究的视角、方法和工具要有一个明确的认识，怎样才能体现新材料、新观点、新方法，即怎样才能具有一个新的研究思路，这才是应该多加思考的。举些具体的例子。比如，现在有许多灾害史研究习惯于对某个时段和某个地区灾害的基本情况做一个综合性研究，但是这种研究在很多时候都流于对该时段、该地区灾害性质的笼统描述，而缺乏更深层的分析层次和力度，这是目前不少研究显示出来的一种状态。

又如，不少研究者探讨某个地区、某个时段的灾害时，首先谈基本灾情，水旱、蝗虫、风暴等灾种罗列一遍；然后谈它的社会影响，基本上是造成了社会经济的破坏，以及对当地民风民俗的影响等；接下来就会谈社会的应对，官府是怎么救济的，民间是怎么救济的，官府和民间在灾害应对上是什么关系。基本上都是这个套路。但是谈多了以后，你就会发现这些论述是非常浅显的。可能对中央政府是这么谈，到了地方社会也是这么谈，元朝是这么谈，清朝也是这么谈，谈到最后我们得到的始终是一些材料，其最大价值可能只是对具体地区或具体时段的一些材料进行了梳理。它背后还有什么不寻常的意义？明朝和清朝在灾害应对上有什么不同？元朝和明朝又有什么不同？为什么会不同？这样的问题还没有得到更多深入的考察。

再如，对灾害的社会影响，不能只看到有形的破坏，即对社会经济的破坏，对农业的打击，对人口的打击，等等。在新文化史兴起的背景下，我们怎样去理解灾害所造成的对于文化的创伤和对于社会记忆的影响，这是需要人文社会科学研究者发挥自己的特长来加以探究的。以往对于灾害的研究，特别是历史学者对于灾害的研究，大家更喜欢从一种制度性、物质性、技术性的工作去做，而对于精神性的、主观结构的、文化性的内容探究的比较少，这无疑是一个缺陷。

另外还有一个发展方向是环境史，或者像夏明方教授所说的生态史。这种思路把灾害放到人与自然的大平衡下来考量，灾害作为其中的一个突出问题，最后凸显出人与自然之间的互动关系。通过灾害作为切入点，来判断其背后所凸显的环境与社会、人与自然的关联。这也是目前很多学者在试图探讨的。总之，现在基于环境史、文化史，包括新社会史等方向，可以把灾害史放到更多样的视野当中去加以研究，这当然需要花费更多的力气，同时也会对灾害的社会影响及其造成的历史积淀进行更为深入的挖掘和理解。在我看来，这样的前景是能够预期的。

闵祥鹏：近年来新文化史的兴起，对我们研究灾害史有了新启发，特别是您刚讲到的文化创伤和社会记忆。这让我想到了黄河泛滥与治理，从而留下的大禹治水等一些传说，很多历史大事件背后都隐藏着灾害的印记。

朱浒：跟黄河相关的历史文化记忆，可以说是民族文化的一个重要组成部分。黄河岸边基本的地方信仰，都跟黄河有很大的关系，像龙王庙、金龙四大王庙、河神庙等。如果不跟黄河流域的灾害相互关联，我们就很难理解地方信仰的长期流传和转变。这都是我们现在做研究过程中不可避免要面对的问题。而以往看到冀鲁豫地区的地方秘密教会、秘密教门，我们就会谈到以所谓劫难、灾变引人入教的话题，为什么劫难、灾变话题会在社会上引发这么大的影响？一个很难忽视的因素是，生活在黄河两岸的人们对灾难的感觉最强烈。对于这个地区的人来说，下层社会的秘密结社，民间的自发互助，包括地方的特色信仰，很容易引发他们的共鸣。如果头上时刻悬着可能突如其来的灾难和威胁，心理上的慰藉很可能与现实的修堤同样重要。所以说精神上的东西一点都不亚于物质上的，我们理解社会文化必须要有这个向度。

很多明清两代发生过社会动荡的地方，其背后灾害的影子比比皆是。举个例子，大家都知道太平军起事是在广西，但是广西在太平军起事前灾害并不是特别严重，起事以后，太平军一直长期转战在长江中下游，在作为主战场的这一片区域，湖南、湖北、江西、安徽、江苏、浙江等省份，从乾隆末年开始一直是重灾区。太平军打到这几个省的时候，为什么民众响应得这么热烈？其中不容忽视的因素是，这几个省的下层社会早已经处于动荡不安的状态中，外力的到来加速了地方的动荡。

还有一个很明显的例子，就是明清易代的17世纪，全球性的气候危机横扫亚欧大陆，当时从英国到中国，整个北半球因为气候变迁导致的小冰期而引发了社会变迁。先前我们习惯看到的都是孤立事件，一旦把灾害、全球气候变迁纳入考量的范围，就会发现整个世界史中存在一些看起来非常微妙的联系。1640年的英国资产阶级革命，1644年的明清易代，英国和中国分别处在亚欧大陆的西端和东端，背后其实是一种全球性危机，是一个巨大的气候危机和社会互动的结果。很多人都在感叹，当时明朝的制度没有太大问题，所谓的“三饷”也没有到承受不了的地步，但是为什么就亡国易代了，背后的原因恐怕不能忽视灾害所引发的社会紊乱。还有，为什么西北地区会先动荡起来？本来明朝的边饷，九边和辽东都是同时下拨的，后来满洲因为气候变迁，拼命南下劫掠，明朝就把九边的一部分军饷挪到了辽东，导致九边养不了那么多的边兵和驿卒，所以就压低军饷甚至裁撤。一些边兵和驿卒被裁撤以后，加入了流民的行列，像李自成和高迎祥原本就是九边的驿卒，再加上陕甘大旱，流民与被裁撤的驿卒就先动乱起来了。明朝两线作战，又有灾害等因素加在一起，整个局面如同决堤之水一般压过来了。所以全球气候变迁大背景的存在造成了亚欧大陆的政权危机，这是一个已被学界证明的事实。

我们今天有一个更大的全球史、环境史、灾害史的研究背景，把这些框架叠加到一起，对历史的了解就会比以往更精准、更通透，比以前仅仅是从政治史或经济史、思想史的角度出发，无疑丰富了很多。对于更大范围的历史变迁，也会有更为深入的认识。这里当然不是说灾害史是最重要的视角，而是说我们拓展认识历史、认识世界的视野，要有多元化的框架、多元因素的叠加，才能对整个历史进程有更完整的把握。灾害史当然只是其中的一个部分而已，至于我们则希望能够把这个部分做得更丰富、更完整、更充分。

闵祥鹏：宋元以后，方志、笔记、实录等文本记录更加翔实，为我们研究灾害问题提供了史料基础，但唐代以前的中古灾害史却面临着史料匮乏的问题。加之古今对灾害书写详略、认知体系、评价标准的差异，我认为在汉唐时期，古人笔下的灾害史料只是特殊时代背景与独特认知的映射，并不是在现代灾害学的指标、体系、框架下的科学记录。它只适合分析古代的灾害认知、灾害制度、防灾举措等社会性问题，不适合探讨灾害的发生机理、演变规律等自然属性。您怎么看待这一问题呢？

朱浒：古史中的灾害研究确实会面临史料不足的问题。我们研究比较久远的、文献不足征的时代，经常会碰到这种情况。这跟不同历史时期所拥有的材料多寡相关。我们研究宋以下，特别是明清以下的时期，可以得到的材料比较多，对于灾害的把握可以通过不同的材料来印证。如果从正史中得到的信息不充分，还有文集、方志等其他材料来补充、纠正。所以我们可以比较清晰地看到灾害的规模、影响范围有多大，发生在什么时间。但是像先秦、秦汉、隋唐或者更远古的时候，那该怎么办？这个时期正史记载的信息是很缺乏的，传世文献非常不充分，因此，我们想要在较为可靠的范围内探讨这些时期的灾害问题，就要大量运用考古和自然科学方面的知识来补充，比如考古发现的遗存和历史遗迹，以及自然科学对于地面沉降、地面沉积、河流走向、地质水文等方面的分析。

不过，更多的时候我们关注的方向可能也会有所转移。比如研究先秦到汉唐的时候，我们关注的是灾异观和当时灾异的文化含义，这方面应是研读传世文献的一个重点所在。到了清代、民国时期，灾异观大多跟现在灾害学的科学观念叠加在了一起，对灾害的变化、灾难的内涵和认识也与以往有很大不同。汉代人认为的灾，清代人不见得还认为是灾。还有就是灾种也在变化，汉唐时期发生的地震，当时很多地震都不被认为是大灾，因为它对社会的影响很小。到了明清以后，地震对社会的影响比较大，时人就认为地震是较大灾害。到了近现代，地震影响更大。在今天看来，地震比水灾、洪水还厉害。为什么？地震影响城市，而城市里人口多。相对来说，农村人少了，洪水的影响反而下降了。当然现在最厉害的灾其实是交通灾害，每年都有很多人因为交通事故死去。古今对于灾害界定的不同，是因为时代发生了变化。随着时代的不同，灾害背后的研究对象、研究载体等也应该有所变化。从一个长时段来探讨灾害规律，恐怕不是我们做早期历史研究的唯一或最主要的目标。比如说探讨汉唐时期自然灾害的发生规律，基本信息都不全，探讨出来的结论想必也很难是准确的。

竺可桢先生的《中国近五千年来气候变迁的初步研究》中，直接能证实气候变迁的资料其实很少，但是他有很多间接资料能够推定物候和气象状况。关于大河结冰的材料，还是比较容易找到的。有些文本上会记载永定河哪一年没结冰，或者黄河哪一年没结冰，当时有人把这些作为异象记载了下来，而我们就可以用这类记载来推断那个时期的基本气候状况。

从先秦时代关于橘子和竹子的生长记录中可以看到，橘子和竹子那时候还能越过秦岭。但是到了汉代以后，大熊猫的活动范围在秦岭以北就看不见了。我们通过这样的一些物候材料，就可以探讨气候的变迁和冰期的变化。当然这需要很多科学技术方面的支持，不能光靠历史学利用的间接材料。

还有一个例子是探讨飞蝗的分布。以前有学者通过刘猛将军庙的记载，来探讨从宋到明清蝗虫分布的变化情况。有些区域的八蜡庙或刘猛将军庙在某个时期突然增多，有些地方，比如像广西，在清初以前没有与蝗虫相关的庙存在，但是清代以后开始大量增加，这就反映了飞蝗分布的变化。通过这种间接的方式可以反映出飞蝗分布的规律和特性，当然这方面需要更广博的知识，如民俗学、宗教学、人类学等等。这就需要我们有更多的知识背景来打通这样的研究，这是我个人的一点看法。

所以关于荒政的研究，从先秦谈到辽宋夏金元明清，其实结构都差不多。这里面临的问题是，通常研究只看到了对一些制度的梳理和面对灾害时具体的操作，而这些内容大都是从文献中来、到文字中去的。其实，各种文献的书写和表达，都有很多原则在里面。这些文字为什么要这么写，被选

敎務其三時既飽以德既醉以酒致力于神備腊咸有神之聽之式穀以女五日一風十日一雨動則有成民和力普爰得我所樂土樂土

重修劉猛將軍廟記

乾隆三十三年五月知南皮縣皖江張晉份書

南皮城隍廟西地不數武劉猛將軍廟在焉斷垣頹瓦其基僅存亦不知其所建始夫郊圻之封百里百姓以億萬計歲事不常水旱疾疫昆虫之蝻有不免焉司事者其聰明正直詰戎伏奸以死王事而又之以捕蝗保其疆宇去其螟螣及其蟊賊時無蝻害蓋自元明以來州縣之祀將軍者五百年矣事無關於民而祈禱是祟謂之淫祀淫祀無福若夫祀典所載神明之所憑依而摧敗零落蕎萊不藹壇坫不修粢盛酒醴之奉不潔嗚呼誰之責與余既率士民葺城隍廟而新之即以衆力鳩工庀料以奉將軍而申祀事屋不數椽不事雕繪毋費民財焉將軍其鑒之

重修悟明祖師祠堂碑記

嘉慶二一年春張奎震撰

《重修刘猛将军庙记》（民国二十一年王乾德等修《南皮县志》卷十三《金石》）

中的这些例子，又是作为一个什么样的例子呈现在文本里面的呢？对于不同的时段，可能应该有不同角度的考察。所以，对于历史研究，我们不能拘泥于某一个方面的路径，而应该有更多的尝试和多元化的研究视野，这样才会对细节有更丰富的挖掘和理解。

后　记

灾荒史的研究中，人大清史所无疑是学术研究的中心。朱浒教授在访谈中不断提到李文海教授和夏明方教授，这也让我们深切地感受到他们一以贯之的学术传承。尤其是在谈到博士论文时，他平静从容的言语中包含着对师长的尊敬、对真知的探求。李文海先生对待来自弟子的挑战，坚持了师者宽容争议、坚持观点的理性态度。作为弟子，朱浒教授坚守了挑战权威、求真务实的学术精神。灾害史研究的未来，也应在前辈学者的学术积淀之上，以求真创新的思维不断突破固有研究框架、思维模式的束缚，寻求新的路径与新的方向。

荒景

［清］赵翼

天将降割此方民，灾沴连番过十旬。
无米可炊徒巧妇，有墦能乞即良人。
煮来菜甲连黄叶，剥尽榆皮剩赤身。
待到明年新麦熟，不知几个得尝新。

伍

应充分利用各种民间资料与田野调查成果，突破以往“就灾言灾”的研究局限，以全面、综合的眼光看待灾荒史研究。具体来说，就是要实现“从历史中的灾荒到灾荒中的历史”的研究转变，回归历史现场，真正地凸显“人”的活动，恢复历史研究生动鲜活的一面。

——郝平

受访学者：郝平教授

访谈时间：2017 年 10 月 8 日

访谈整理：赵玲、徐清

个人简介

郝平，1968 年 11 月生，山西大同人。历史学博士，山西大学历史文化学院教授、博士生导师。本科、硕士及博士阶段均就读于山西大学，分别毕业于 1991 年、2001 年和 2007 年。曾赴日本东京国际大学访问。

研究方向：灾荒史、区域社会史、中国近现代史

走向田野，深入民间
——郝平教授访谈

导 言

12 年前我刚刚踏入灾害史研究之门，在第三届灾害史年会上曾与郝平教授有过短暂的交流。彼时的我仅仅是一名普通的学生，而郝平教授已在山西灾荒史研究上有所成就。12 年光阴荏苒，我想他已经遗忘了我，特意邀请好友张焕君教授代为邀约。虽然郝教授非常忙碌，但我很快收到了他的回复。提携后学是他一贯秉持的态度，对于我们的问题，也是一一予以解答。

访谈记录

闵祥鹏：80 年前邓拓先生在河南大学完成了《中国救荒史》的著述工作，80 年后我们为了纪念邓拓先生的开拓性贡献，计划进行一系列的访谈，由于您一直从事区域灾害史的研究，能否从您的研究出发，谈谈该书对当前灾害史研究的贡献？

郝平：邓先生的《中国救荒史》是我最早阅读的关于灾荒史的著作，对我的研究影响很大。对于邓先生这本书的磅礴气势与学术价值，学界早已给予了充分肯定，尤其是论述历代灾情、荒政思想与荒政举措的三层研究结构，成了当前中国灾荒史研究最基本的理论框架。后来的相关研究大多没能超出这一框架，包括我的山西灾荒研究，也借鉴了邓先生的研究模式。

不过，当我选定丁戊奇荒作为论文题目时，却未能从《中国救荒史》中找到多少关于丁戊奇荒的具体资料及评论，如书末的“中国历代救荒大事年表”中，清光绪朝一栏内仅列“八年，冯誉骥修筑泾县龙口渠以资灌溉”一条。当然，这既与该书上下四千年的通史性质有关，也与该书的论述主体为官方救荒，所依据的史料也以历代官方文献为主有关，如涉及光绪朝的救荒史料主要“据《十一朝东华录》及《清史稿》摘引”。所以，从另一个角度讲，这种状况也推动我将研究视野更多地转向民间文献。

闵祥鹏：我们知道，您本硕博阶段的学习都是在山西大学完成的，可以谈谈这所百年老校对您研究方向、治学道路的影响吗？另外，您的研究生生涯和早期科研工作都是在中国社会史研究中心，这与您开展灾害史研究有没有一定的关联呢？

郝平：山西大学是一所人尽皆知的百年老校。早在1902年山西大学建校时，西洋史（即世界史）、中国古代史就是中西斋学生的必修课程。历史文化学院是传承的院系之一。从成立之日起，历史系就成为学校负有盛名的科系。经过几代学人的孜孜追求与不懈努力，学院学科建设成绩斐然。在20世纪的三四十年代，尽管山西大学同整个中华民族一样，经历了抗日战争与解放战争血与火的考验，但历史系一直以名师荟萃而闻名。

我在1987年考入山西大学，成为历史系的一名本科生，1991年获得历史学学士学位。在我本科阶段的回忆中，老师会经常推荐相关的书籍供同学们学习、提高。虽然本科毕业后并没有从教而是从事行政工作，但我对学术的追求并未有丝毫的懈怠，一直坚持自己的专业学习，阅读和学习诸位老师推荐的相关专业书籍。也许是冥冥之中的安排使然，我在多年之后又重返课堂。1997 年我师从乔志强先生攻读硕士研究生，于 2001 年获中国近现代史专业硕士学位；2003 年师从行龙先生攻读博士研究生，于 2007 年获中国近现代史专业博士学位。

在我的求学生涯中，以乔志强先生和行龙先生为代表开创的山西大学中国社会史研究中心对我有着深远影响。两位先生以开放和包容的心态，密切加强与国际、国内学界之间的联系，开展有山西区域特色的社会史研究。这样的学术传统和治学理念是我一直坚持学习与实践的。

社会史研究复兴近 30 年来，山西大学中国社会史研究中心三代学者秉承传统，承前启后，追踪前沿，脚踏实地，取得了学界公认的成就，被誉为中国社会史研究的重镇之一。

我的学术生涯是在中国社会史中心开始的，受这里的学术传统和治学理念影响，我的研究方向一开始就选择了灾荒史这一研究领域，具体就是关于丁戊奇荒的研究。所谓丁戊奇荒，是清代光绪元年（1875）至四年（1878）间发生于我国华北地区的一场史上罕见的特大旱灾饥荒，其中以 1877 年、1878 年两年最为严重，1877 年为丁丑年、1878 年为戊寅年，由此称为“丁戊奇荒”。山西地区是丁戊奇荒的重灾区，人口损失数百万，成为影响近代山西历史的标志性事件。所以，我的硕士论文、博士论文都是以“山西丁戊奇荒研究”为选题，持续性地搜集了大量相关的山西民间文献，包括碑刻、歌谣、笔记、契约、文书等等。

闵祥鹏：在您之前学界中已有不少学者对丁戊奇荒进行了多个角度的探讨，成果丰富，那么，您的该项研究又是从哪个角度进行拓展的呢？

郝平：根本原因在于我找到了深化该课题研究的重要切入点——社会史视域。我曾在《从历史中的灾荒到灾荒中的历史》一文中充分阐释了从社会史角度推进灾荒史研究的理念，强调应充分利用各种民间资料与田野调查成果，突破以往“就灾言灾”的研究局限，以全面、综合的眼光看待灾荒史研究。具体来说，就是要实现“从历史中的灾荒到灾荒中的历史”的研究转变，回归历史现场，真正凸显“人”的活动，恢复历史研究生动鲜活的一面。其实，这条思路对整个灾荒史研究领域都具有重要的参考意义。

闵祥鹏：确实，您提到的灾害史研究路径与以往有很大的不同。从博士论文《光绪初年山西旱灾与救济研究》到后来出版的《丁戊奇荒——光绪初年山西灾荒与救济研究》，受到了学界的广泛关注，您能具体谈一谈该项研究中的主要关注点吗？

郝平：从事灾害史研究近二十年来，我着重从三个方面展开探讨：首先是在利用官方和民间史料的基础上，把光绪初年的灾荒和救济行为综合起来进行研究，再现灾荒的镜像、轨迹和严重程度，展示不同的救济方式和活动，分析致灾原因和各类救济成效，为灾荒史研究提供一个内容丰富的区域个案样本；其次，力争更好地利用地方文献和田野史料（碑刻、歌谣等），突出县区和乡村的灾情灾荒，地方各级政权尤其是基层政权，由于所处位置不同，其救济活动和成效呈现多样性和不平衡性；最后，我将关注点放在江南义赈、外国传教士在重点区域的赈济以及乡村民间自救方式的不同特点。从总体上体现了“政府为主，民间为辅，南北相援，西方介入”多渠道的救灾模式，得到了学界良好的评价。

此外，我对山西灾荒与救济的研究也具有较强的现实意义，还引起了政府相关部门和策略研究机构的重视，山西省水利厅水利发展研究中心等机构采纳本书的内容和论点，为其理论学习和政策制定提供借鉴与参考。

闵祥鹏：您关于灾害史的研究，还涉及地震问题，在2014年出版了《大地震与明清山西乡村社会变迁》，您所做的地震研究的思路又如何呢？与丁戊奇荒研究是一脉相承吗？

郝平：地震灾害与水旱灾害一样，是灾害史研究的重要内容，也是我长期史料搜集中的重点关注对象。在研究路径上，该研究依然采用社会史视域，这既与丁戊奇荒的研究一脉相承，又是对后者的拓展。

通过了解传统时期的地震救灾、恢复重建，可以考察地震对乡村社会变迁产生的影响。我就是从这个角度，在广泛搜集官方文献、地方文书和村庄碑刻的基础上，探讨了明清山西大地震与乡村社会变迁的关系，分别就明嘉靖三十四年（1555）华县地震、清康熙三十四年（1695）临汾地震和嘉庆二十年（1815）平陆地震三次大地震后，山西各州县的受灾情况、震后应急和恢复重建等方面进行了考察，从中既揭示了国家力量在震后救灾和重建过程中所起的主导作用，又从民生经济、乡村社会发展和思想文化等方面，阐述了大地震后山西乡村社会的部分变化以及对社会发展变迁的作用和潜在影响。

此外，研究历史时期的地震灾害对当今社会抗震救灾工作的开展和防震减灾制度的完善，也具有明显的借鉴意义。所以，本书出版后还是得到了学界的广泛关注，被认为是地震灾害史研究的一项新成果。

闵祥鹏：我们知道，您向来重视民间文献资料的收集与整理，可以谈谈您在灾害史资料搜集方面的工作吗？

郝平：一方面，史学研究的“命门”在于史料，有无充

教士爲賑務來信告白

運津免稅成案由該商取具保結稟道給照持赴新關驗明由老關驗放各在案迄今一年之久各商販運不少閩省民食賴以接濟現在復遭水患飢民待哺嗷嗷爾等應即赶辦米糧大批運往福州救飢仍照章取具保結稟候本道填給新照由關免稅驗放倘有富商巨賈情愿捐資助賑以及運米平糶者亦速赶辦稟候轉報事關救災恤鄰務各踴躍源源轉運毋稍觀望遷延是所厚望除分飭各縣一體劻勷外合行出示曉諭爲此示仰商賈人等一體遵照毋違特示　　示貼

光緒三年六月初四日

寓青英國教士李提摩太五月十七日來札

敬啓者客歲青齊旱荒經弟勸蒙仁人君子樂善好施先後捐到若干金足徵博愛不僅身受者感同再造之恩即弟亦感佩無旣矣弟正在分賑間又經美國教士施賑安邱臨朐交界之處并揚州善士携到萬餘金續到萬餘經專賑臨朐一縣多所全活統計貴國捐項并各西國士商捐賑經弟共收到銀一萬三千八百三十五兩先後分賑益都臨朐昌樂濰縣等四縣凡官賑不及之處奇窮極苦之人約二萬餘口每口日給金錢念文每五日一次各莊公正人代領免致跋涉擁擠數月以來均極平安雖爲數無多而賴此生全者衆現居麥秋農田工作飢民餬口有資是以暫停施賑刻下尚存銀五千兩麥後無業貧民兩手空空餓殍恐仍不免今擬於麥後齊省施賑再除旱荒瘟疫各難外本年四五兩月壽光樂安兩縣連遭冰雹麥秫被傷另有十數村庄蝗災大作食盡麥粒因此竟有輕生自盡者幸又適逢常州善士携到上海捐欵前來賑救暫顧目前願各處仁人君子如樂捐不倦即祈接濟貴國賑局使至秋禾成熟咸慶豐年同感盛德而頌　天恩將見作善降祥在　天之賞大也

錄美國教士倪維思施賑安局告白原文

開局者來茲施賑原係江南善友聞知山東饑荒各動憐憫之心捐錢施濟託爲設法辦理竊維山東境內維此處饑荒尤甚故特行賑西來張局於此據此處爲安邱臨朐昌樂三縣接界之區俾願使此饑民遍霑寔惠但捐項無多力量不足今擬於平原高崖蔣峪雙山河盤陽五處靠近地面施行賑濟倘於本局開名給錢勢

《寓青英国教士李提摩太五月十七日来札》(《万国公报》1877 年第 449 期)

分的史料依托直接决定着研究的成功与否；另一方面，“海量”的一手文献资料的搜集、利用在一定程度上可以开拓新的研究领域。这是史学研究人所共知的“铁律”。

总体来说，在史料搜集与整理方面，山西大学中国近现代史学科已经走在了学界前沿。我们在长期的田野调查中搜集到大量碑刻、竹枝词、契约文书等民间文献，大大扩充了史料的广度和深度。在方法上，我们注重将文献解读方法与统计学、历史地理学、社会学等多种学科的方法相结合，尽可能地发挥史料的价值。在研究视角上，为使研究更加深入，我们将研究区域聚焦于丁戊奇荒中受灾最严重的山西一省，“以人为本”，生动再现“灾荒中的历史”。这一创新性的尝试，得到了学界的普遍认可。

值得一提的是，我在契约资料方面的搜集工作取得了较大突破。20 世纪 90 年代末期，我在“山西灾荒史”的研究过程中，首次接触到了契约资料，当时就深刻认识到这类稀见史料的重要价值，于是逐步展开了对该类资料的搜集与研究工作。经过十余年的努力，先后搜集到的民间契约文书已达数万件，遍及山西各地。与此同时，契约的整理工作也在进行。为此还重金购买了宽幅扫描仪，申报了国家清史编纂委员会的重点课题“清代山西民间契约文书整理”、国家社科基金课题“民国山西民间契约整理与研究”等项目。经过这几年的筹备，山西大学历史文化学院以我们长期搜集整理的民间文献为基础，正式成立了“山西地方文献研究中心”，从而推动我们的史料搜集工作进入了一个新阶段。

闵祥鹏：还有最后一个问题，您对灾害史研究未来的发展趋势有什么思考，为推动这一趋势您做了哪些工作？

郝平：这是一个宏观的发展方向问题。就目前的研究现状而言，在多学科多领域的研究视野下，灾害史的研究已经逐渐脱离“就灾言灾”的固有模式，成果多是各学科交叉研究下的产物。而不论是基于人与自然的互动研究，还是基于人与社会的互动研究，都越来越注重研究人在灾荒中的作用和意义。学界目前致力于探讨灾荒深层次的社会内涵，要做好这一点，就不应只局限于对灾荒和救荒本身的研究，而要关注灾荒背后的内容，需将灾荒放置于特定的历史语境中，研究灾荒中的历史。广泛收集材料并尊重每一个文本的独特性，注重多学科多方法的结合以及学科理论的建设，都将有利于深化灾害史的研究。

在此需要特别强调的是，一定要注意培养灾害史研究的新生力量，壮大我们的研究队伍，尤其是对青年学者的培养。2016 年 8 月，山西大学历史文化学院与中国人民大学清史研究所暨生态史研究中心、中国灾害防御协会灾害史专业委员会在太原市联合举办了以“何为灾害？”为主题的第一届“灾害与历史”高级研修班，特邀国内外 9 位著名灾害史专家担任授课老师，为期 5 天，来自中国社会科学院、中国人民大学、北京师范大学、复旦大学、香港中文大学等 20 余所高校的 30 余位正式学员参加了研修课程；2017 年 8 月，上述三家单位又联合山西大同大学，在大同市举办了以“灾害文化追踪”为主题的第二届“灾害与历史”高级研修班，邀请了 6 位著名学者到班授课，为期 5 天，来自中国社会科学院、清华大学、中国人民大学、山东大学、山西大学等高校的 40 余位正式学员参加了学习与研讨。这两届研修班通过学者授课的方式，讲授灾害史研究的理论与方法，并通过史料研读、分组讨论、田野考察等环节，激发新一代中国灾害史研究人才的学术创造力，推动灾害史研究的多学科互动，加强灾害史研究的社会服务功能。这些工作与努力为高校青年教师与研究生搭建了良好的学术交流平台，也为青年学者加强理论学术修养提供了宝贵的机会，是值得借鉴的良好开端。

后　记

郝平教授不仅在灾害史研究领域论著颇丰，而且在推动灾害史研究和培养灾害史年轻学者方面做了很多重要工作，他不仅重视民间文献的搜集整理，而且走向田野，深入民间，将灾害与社会史、文化史紧密地融合在一起，将灾害史研究带入了崭新的领域。

晋饥行

［清］沈名荪

连年晋地天灾行，赤地千里无禾生。
榆皮柳叶尽取食，饿殍仍见沟中盈。
遣官赈济又何益，官吏自肥民自瘠。
就令升合得到身，苟且延生不终夕。
京师豪家费少钱，大车小车载入关。
卖身不悲翻自喜，夫甘弃妻父弃子。
纵为奴婢亦不嫌，犹胜家乡即日死。

陸

我认为创新仅仅是历史研究的第一步，更高的层次是要建立历史的“解释体系”，这样才能很快地把历史碎片完整地汇合起来。

——马俊亚

受访学者：马俊亚教授

访谈时间：2018年1月10日下午15：00—16：00

访谈地点：南京大学仙林校区

访谈整理：赵玲、徐清

个人简介

马俊亚，1966年3月生，江苏沭阳人。1996年获得历史学博士学位，1998年历史学博士后出站。1998年担任南京大学副教授，2006年被聘为教授、博士生导师。2000—2001年在美国伊利诺伊大学访学一年；2006—2007年，在澳大利亚LA TROBE大学合作研究；2007年在台湾大学合作研究；2011—2012年，在台湾政治大学为本科生、研究生开设“中国近代社会生活史”和“中国社会生态史”课程。赴美国、日本、德国等参加国际会议10余次。与美国Occidental College（西方学院）建立了共同培养学者、通过远程教学共同开设生态课程、互派学生访学等联系。

研究方向：中国近现代社会经济史、区域社会生态史

悠悠淮水，一汪乡情

——马俊亚教授访谈

导　言

在剑桥大学李约瑟研究所时，我经常与同事卢勇教授交流黄淮水利史方面的问题，其中卢教授多次提到《被牺牲的“局部”：淮北地区社会生态变迁研究（1680—1949）》一书，我拜读后，获益颇多。恰逢纪念邓拓先生出版《中国救荒史》80周年，我们举办一系列的访谈活动，特请卢勇教授引见该书作者马俊亚教授。2017年12月19日，我订好车票想前往南京拜访马教授，但马教授突患重感冒，无缘相见。直至2018年1月10日，才终于有机会与马教授深入交流。

访谈记录

闵祥鹏：在您的研究中，淮北地区占有重要的地位，您的著作《被牺牲的“局部”：淮北地区社会生态变迁研究（1680—1949）》（以下简称《被牺牲的“局部”》）在学界产生重要影响，能否请您介绍一下当时选择淮北作为研究重点的具体考虑？

马俊亚：当初选这个区域很大程度上因为自己是淮北人，淮北地区近一二十年发展得还可以，但是三十多年前我们出来读书时淮北还非常落后。像我老家苏北的沭阳就是个贫困县，当年我们从老家来到苏南的苏州，就感受到沭阳与苏州的差距实在太大了，不论是经济、文化，还是个人的素质。那时候我是从农村走入大学校门，我们这些从农村出来上大学的同学，基本上没有什么人际交往，不像现在每个人都有手机和电脑，有什么事都可以在网络上知道。当时学校里面刚刚流行跳交际舞，每到周末来自苏南的同学们就三五成群地去跳舞，而我们苏北的同学们穿的衣服都是破破烂烂的，自然也不可能去跳舞，所以就整天看书。

那时，我还没有找到自己的研究方向，一直到了读研究生的时候，有一天突然想到要研究苏北，我想知道为什么同处于一个省，苏北和苏南之间的差距这么大？虽然研究方向确定了，但是刚开始不知道应该从哪里入手，所以我就想应该先研究苏南，是不是可以从中找到一些借鉴。后来我在苏南经济的研究上有了一些成果，形成了自己的认识，回过头来才去研究苏北。我是在读研究生的时候就开始研究苏南，一直到 2010 年前后，关于苏南的文章写得比较多。但是实际上我从 1995 年就开始研究苏北了，只是考虑到如果贸然出一些成果，以后自己再修正的话就会产生前后矛盾，所以在苏北的研究上比较慎重一点。

现在你们看到的这本《被牺牲的“局部”》，简体版是 2011 年由北京大学出版社出版的，从 1995 年到 2011 年是 16 年的时间，周期是比较长的。最开始的时候做调查、做研究都是自己出钱，从来没想到申请课题资助，一直到了 2005 年才有了课题资助，但是到那时我实际上已经做了 10 年这方面的研究了。当时研究苏北，发现整个淮北是灾荒非常频繁的地区，可以说是中国最贫穷的地方之一，基本上每年都有水灾，但它原来与豫南地区一样，都是全国发展最好的地区，后来因为黄河的原因，使得淮北成了全国最差的地方。

闵祥鹏：国家政治影响着地区的发展，政策重心的变动在其中的作用尤其显著，您在书中提到淮北地区是在明清以后才真正地发生了转变，这种转变我们应该如何去理解？

马俊亚：明清以前也是有转变的，作为国家重心的首都位于哪里，那里就是国家的核心区域，《尚书·禹贡》里将天下分为“五服”，即甸服、侯服、绥服、要服、荒服，京畿周围的五百里是最重要的王畿之地，每隔五百里为一服，五服以外就是蛮荒之地。唐宋以前首都定在关中，或是洛阳、开封，这些地方就是王畿之地，受到国家的重视，统治者就会尽量地不使黄河在这些地区为灾。后来南宋迁都临安，这些区域离王畿比较远，又是宋、金对峙的地方，再加上建炎二年（1128）杜充掘开了黄河大堤，黄河南流造成豫东、鲁西南、皖北、苏北等地区受灾严重，这些地区从此开始衰弱。但是黄河的河水并不是完全流到南边，还有70%是沿着原来的河道流的，所以对这些地区造成的影响相对来说不是太大。到了明代的时候才迎来灭顶之灾，因为明代刘大夏修建了太行堤，把所有的黄河河水全部逼到了黄河以南的地区，因此河南受到的影响最大，淮北、鲁西南这些地区次之。后来潘季驯治黄河又加筑了高家堰。洪泽湖以前就有高家堰，宋代的时候还是个小湖泊，等到明代的高家堰修起来以后，湖泊就不断扩大，最后扩大成为中国五大淡水湖之一。水库大多修在山沟里，而洪泽湖是修在平地上，并且仅在它的东面修了一条堰，这条堰不是湖水多了有危险，会危及老百姓的生命就把水放掉，而是按照运河运道的情况来决定放水与否。漕船向北走的时候，洪泽湖要蓄水，漕船走过去以后才会把水放掉，这个时候又正好是淮河流域的雨

黄河铜瓦厢段

季，水蓄得非常多，一旦放水整个苏北就被淹掉了。比洪泽湖更危险的是微山湖，微山湖修在高地上面，为了向运河的最高点济宁那一段供水，四周都没有修堤堰，一旦蓄水就会发生水灾。

我觉得明代以后，水的问题非常关键，修大运河，尤其是逼黄南流。万历初年，万恭任河道总督时说得很清楚，想要消除黄河以南地区的灾害是很容易做到的，只要让黄河顺着铜瓦厢以下的河道流就可以，但是现在必须要逼河南流，保护大运河的安全，所以虽然逼河南流在河南地区造成了水灾，但是对于国家来说是福不是灾。明代以后，特别是明代中期以后，这种治理黄河和运河政策的转变，对豫东、鲁西南、皖北、苏北等地区造成了重大打击。

闵祥鹏：在阅读您的著作时，我发现您的写作方式跟大多数学者有所差异。但唐宋以前的史料留存得比较少，没有像明清时有方志之类的可以利用，按照您的这种写作思路去写唐以前的灾害史是有难度的，那么我们应该如何利用零散的史料来研究历史？

马俊亚：历史研究没有固定的模式。中国人传统的写作方式，就是史料的堆砌比较多，包括邓拓先生的《中国救荒史》，他在1957年写的再版序言里，也提到自己的这本书更像是史料的罗列，没有很好的分析。在中国，很多史学研究者都有这样的问题，自己分析的内容少，而史料的罗列比较多。我在自身学习历史的过程中，开始时也对陈垣先生、陈寅恪先生等扎实的史学功底非常钦佩。但是后来我逐渐认识到：至少要让自己作品的读者能够明白作为作者的“我”想说什么，要告诉读者我的观点是什么，而不是让读者从我选择的史料里去领会我的观点。通常我们自身会觉得史料里已经把自己的观点表达得很清楚了，但是别人从你选出的史料中读取你的观点是非常困难的。所以我认为在写书的过程中，要尽量把想要表达的意思表达得清楚明白，虽然搜集到很多史料可以证明自己的观点，但是有时候我觉得选取两三条典型的史料就可以了，只要能找到规律性的东西，合乎情理、合乎逻辑、合乎当时的现实，没必要通过罗列史料来证明。

唐宋以前的材料比较少，没办法与明清时相比，明清的史料也不能与民国的相比，如果研究当代史材料就更多了。距今比较久远的朝代涉及一个史料碎片化的问题，实际上灾荒史的材料在中国古代还是比较受重视的，灾荒材料相对比较完整。当然唐宋以前的材料确实比较少，但是历史学也不是材料少就不能做研究的学科。人们现在最强调创新，但是我认为创新仅仅是历史研究的第一步，更高的层次是要建立历史的“解释体系”，这样才能很快地把历史碎片完整地汇合起来。比如我们现在发现一个猿人的头盖骨，那么就可以推知这个猿人大概的样子，这是因为我们如今已经复原了很多猿人的模型，在头脑中已经有了一种概念，所以尽管再发现的只是猿人的牙齿，但是我们还是能够知道这个猿人大概的样子。当然，不同的人依据自身的经验，对于碎片整合的选择是不一样的，正如历史学家研究政治人物，不会太多地关注细节性的内容，而是关注他们的政治观点、社会主张等，以此来把这个人物刻画出来，尽管我们选取的内容相对于人物的一生来说也是碎片化的。

历史学是这样，任何一个学科、任何一个研究的主题到最后所能看到的材料都是碎片化的，但是如果建立起一种“解释体系”，就像在脑子里形成一种模型，正如从一条河流里面取出的任何东西都是碎片化的，即使把河水全部抽光，河水下面还有泥沙，泥沙下面还有其他的东西，是取之不尽的，而有了“解释体系”，就如同把河水的情况梳理清楚了，能够以模型去解释其他的推论。我觉得做历史研究，建立自己的“解释体系”是高层次的境界，同样的材料，自己得出的观点和其他人得出的观点是不一样的，但是能够自圆其说，能够解释得通。虽然我的观点不一定是最正确的，但是至少我有自己的想法，而且是与通常的解释不一样的，我能发现通常解释的缺点和漏洞在哪里。当然我的解释可能不一定站得住脚，而且后人肯定会超越我，但是至少在目前的情况下，我的观点比通行的观点更加可信。所以建立起自己的“解释体系”以后，大家现在讲的这些观点，在我看来可能就有不同的看法，碎片化的东西，在我的眼里也会显得很系统。

闵祥鹏：您在《被牺牲的“局部”》里，指出淮北是被国家整体利益所牺牲的区域，我在做研究时，其实也发现江淮地区在安史之乱以后虽说成了国家税赋的来源之地，但是却也成了灾害多发的地区，如果用您的这种理论，是不是也可以阐释这种变化？

马俊亚：唐代的江淮地区一般指的是淮河以南，淮南地区的灾害相对淮北来说是不一样的，特别是明代时，淮河以南灾害比较少，淮北地区水灾较多，主要是运河造成的危害。一旦运河决堤就会造成大面积的水淹区，但是淮南地区相对好一点，因为淮南地区的入江通道比较好。而淮北地区除了受运河的危害，还受到黄河、洪泽湖、微山湖等的危害。我刚才有一个问题没讲到，就是明代以前江苏地区是东南财赋之地，现在说江南赋重，其实主要是漕赋，清代时一年大概为国家贡献 160 万石漕粮，而全国 8 个有漕省总共 400 万石粮食运到京师，实际上农民交上来的漕粮 600 万石也不止。总体来讲，江苏的松江、苏州、常州一带，当时上交的漕粮数占全国漕粮总数的 3/8，所以说江南的税赋比较重。

但是江北地区的税赋也是很重的，清代中期江北地区两淮的盐税和其他负担就有 500 万两银子，乾隆以前的盐税重点是在淮南，清代江苏有 23 个盐场，其中 19 个在淮南，4 个在淮

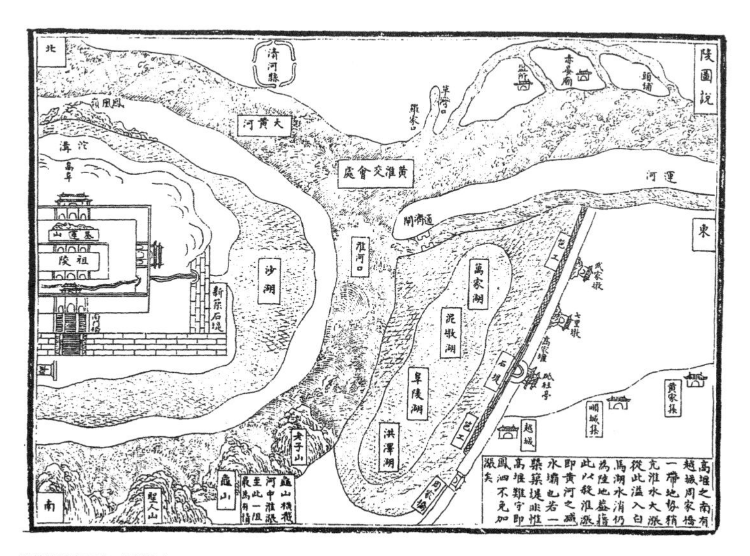

明祖陵周边形势图

北。对于两淮地区，明代时，是保祖陵、保运道；到清代时，主要是保运道、保盐税。所以说，为了保证盐税的收入，必须防止淮南地区发生大水，在这种情况下国家的防灾策略就比较照顾淮南，淮南地区的水灾也因此相对要少一点。

北宋以前淮南、淮北相差不大，但是明代的治黄政策是守住黄河北边的太行堤，南边则任由河水游荡，所以说明代是个大转折。运河修起来以后，危害最大的就是淮北地区，几条大河全都经过这个地方。因为要蓄清刷黄，黄河在河南段宽达二三十里，到了江苏段仅有一华里，甚至数十丈，很容易决堤。而中央政府在水灾势不可挡的情况下，会选择只防一面的河堤，所以保淮南就必然会淹掉淮北。

唐代以前，江南地区水灾还比较多，从吴越王钱镠开始，江南出了很多水利专家，水利设施逐渐完善，圩田等也开始推广，修缮水利是从民生的角度出发。而明清两代的淮北地区，修缮水利考虑的不是水灾发生时会不会淹没百姓的田产，而是看会不会影响运道，水利的兴修与老百姓的福祉甚至是完全相反的。比如说微山湖的蓄水，百姓需要水灌溉农田时，也是运河水少的时候，不可能放水去灌溉农田，等到百姓不需要水的时候，却开始放水了。因为这种情况造成的灾害特别多，灾害在很大程度上是人为的。

闵祥鹏：中央政府往往从江南等富庶的地区抽调粮食，从而造成该地粮食紧缺，一旦这个地方出现灾荒的时候，又不能及时将粮食运回，这样往往造成饥荒。但是否有另外一种解释，即政府对税赋之地较重视，因此史官对该地区的记载相对较多。

马俊亚：这个当然是有很大的关系，像谈到民国年间的农村经济破产时，一般就讲江南地区的纺织业。为什么农村里面没有纺织，人们一般认为是机制布打垮了农民的手织布，农家因此而破产。其实那时江南地区的日子最好过，收入水平也比较高。唐代安史之乱以前河南道是最繁华的，当时河南道的粮食产量高，家庭纺织也比较发达，是最能够体现男耕女织景象的区域；安史之乱中，河南地区破坏严重，逐渐丧失了这种地位，唐政府才开始大规模从江南调取粮食。江南地区的粮食不论是产量还是质量都比较高，自然环境也比较优良。元、明、清三代，从郭守敬起修了很多水利工程，想把海河流域建成像江南那样粮食产量高的地方，但是受自然条件所限，这种改变环境的做法并没有成功。

闵祥鹏：您现在的研究更多的是与环境史相结合，那么对于灾害史，您觉得它未来应该是什么样的方向？我觉得在灾害史研究的过程中，灾害从自然现象转变为社会问题是一个很复杂的过程，必然要坚持多学科交叉的视角。

马俊亚：这种趋势比较明显，大家都看到了，你心里肯定也是有答案的。我们经常讲多学科的融合，引进自然科学等学科的研究方法，虽然自然科学研究者的一些观点，比如他们将很多问题归结于“小冰期”，我是不同意的，但是这种跨学科研究的路径我是非常赞成的，历史学未来的趋势肯定是这样。

在我的研究过程中，有的时候会与研究地理学，甚至与做技术工程的学者结合起来。像我研究淮河地区，这个地方的岩层是怎样的，我不清楚，只有跟测绘院合作，利用他们的 GIS 等技术，从而知道这个盐场大概是什么样子，然后根据土壤、黄土层，或是堆积物去分析问题。

我觉得学科虽然说是相对独立的，但是每一个学科未来的走向肯定都会融合其他的学科，比如我们研究灾荒史，是以历史资料为主，但是也需要和其他学科结合起来去做。那么在另常告女曰吾家賴爾維持惜不能長持門戶女亦恨不爲男子得以常侍庭闈恒夜靜焚香禱於神祈母病愈願以身代詎無效母既死又竭力經營喪事盡哀盡禮戚里均無閒言嗣又教弟持家極其周備嘗謂弟曰先人遺槖不豐數年來大故疊膺家資已將耗盡而三柩不得歸葬吾與汝飄泊異鄉非策也吾始以弟年尚幼而囊貲猶充尚可少待茲竟不能久待矣於是張羅摒擋將三柩運回故里經營窀穸事事如禮鄉里親族咸異之遂嘖嘖以孝女稱惜未有爲之表揚編入府志者一時文人學士歌咏其事者不少今孝女年已四十餘不願適人而弱弟已將冠矣循循然奉之如母事無鉅細輒稟命而後行人尤多其弟之循謹云請登報以表潛德

綠楊城居士來稿

晉絳荒狀述聞

自河南奇荒鐵淚圖出豫省灾況已令人不忍見矣鄭監門流民圖未必有如此之甚至於山西之荒又不在河南之下苟有大手筆圖之以達 九重則 黼座宸衷必不止愀然不安者一夫不獲是予之辜而況無數蒼黎忍諡使其飢而死哉然聞其死也有全家爲餓莩者而救死之法視食人肉以爲常更有食及屍骸者今且舉絳州一境言之去年十月至今年正月官賑之錢共派兩次每次每人派錢四十一文此即家家得領人人得領亦尚不足以救死况乎得領者十家之內僅有一家千人之中僅得數十人或有或無或予或否以致絳者州城迤東一帶三百餘家全家餓死城西各村莊之全家餓死者約一百家有奇城南各鄉村全家餓死又五百餘家城北各里落全家餓死者約一百餘家至餓死者則城外迤東一帶計一千二百餘名城西各村莊一千五百餘名城南各鄉村二千四百餘名城北各里落二千餘名夫絳州年荒若此而官賑若此其能免死亡哉夫絳屬村鄉荒災雖有大小不同然現在之口糧皆藉各等樹皮草根麥糠麥稈及死人驢馬等骨磑細而食之雖有徽雜以米麪者然亦不過十分之一耳現雖奉 上諭再撥銀二十萬兩分賑晉豫兩省朝廷恩澤似極殷渥義漿仁粟誠足以起死人而肉白骨矣然竊謂晉省奇荒至此再撥之欵即盡以賑晉省之絳州尚有不敷之勢矧其在全晉哉矧其在分賑晉豫哉然而一連數省奇荒若此欲盡起溝瘠而飲天漿則非大發一千數百萬帑欵勢必不能現雖時局多艱軍務緊費然以國本民天而論則起民於死即所以培

《晋绛荒状述闻》(《万国公报》1878 年第 488 期)

外一个意义上，今后可能也没有一个非常严格意义上的学科，将来的趋势，很大程度上就是各个学科之间的互通与融合。

在中国历史上，每个王朝的第一要义都是维护统治，所以灾荒真正的死亡人数，是没办法统计的。我们现在研究灾荒问题，再按照历史材料计算死亡人数之类的做法，已经过时了，我们必须要做一些更严谨的计量，而这些计量很多时候要跟其他学科结合，这样才能更科学。

像“小冰期”的说法，我发现其与淮北的变化并没有因果联系，所以后来就没有采用。但我觉得大家互相指正、互相质疑，多学科交流才能促进学术的发展。去年 10 月份，我在安徽大学开会，我讲这个问题的时候，还有人提出“小冰期”的问题，我也不好当面驳斥他，后来在吃饭的时候我跟他交流，我说我一开始研究淮北问题也是非常关注“小冰期”的，但是我认为它们之间没有因果联系，所以后来我就慎重地把它回避了，然后我讲了我的理由。

自然科学研究中工具性的方法对于我们的研究还是有帮助的，但是我们也要有自己的坚持，像我在《被牺牲的“局部”》里面坚决不用“小冰期”的概念，其实我收集的材料非常多，非常系统，但是我一直没有讲。别人会提出来，我又不好意思说这个问题，反复强调了很多次，每次都讲不通。

我认为历史学有一个优势，就是其他任何一个学科在我们看来都是片段的，都是碎片化的，只有通过历史学才能够把它们融合到一起，从而凸显出历史学的整体性。

后 记

第一次和马俊亚教授见面，我便能够感受到他是一位对故乡饱含深情的学者。也正是由于这份深情，他才会不断反思故乡困顿、落后与凋敝的深层原因，才会拿起笔去记录下自己的所思、所感、所悟，写下《被牺牲的“局部”》等多部著作与相关论文，从人类与区域环境变化的互动中，阐释区域社会与历史的走向。

高邮湖见居民田庐多在水中因询其故恻然念之

［清］康熙

淮扬罹水灾，流波常浩浩。龙舰偶经过，一望类洲岛。
田亩尽沉沦，舍庐半倾倒。茕茕赤子民，栖栖卧深潦。
对之心惕然，无策施襁褓。夹岸罗黔黎，跽陈进耆老。
谘诹不厌频，利弊细探讨。饥寒或有由，良惭奉苍颢。
古人念一夫，何况睹枯槁。凛凛夜不寐，忧勤惄如捣。
亟图浚治功，拯济须及早。会当复故业，咸令乐怀保。

柒

在我看来，没有哪一个问题像灾害这样既可以涉及自然领域，又可以涉及社会领域，因为灾害本身就是自然与社会交织而成的，然后反过来又对自然与社会形成重大影响。

——夏明方

受访学者：夏明方教授

访谈时间：2018年3月13日下午14：00—16：00

访谈地点：中国人民大学人文楼4楼会议室

访谈整理：赵玲、徐清

个人简介

夏明方，1964年9月生。中国人民大学清史研究所教授、博士生导师。1982年6月毕业于安徽省庐江师范学校，曾从事多年农村中小学教育工作。后就读于中国人民大学历史学系、清史研究所，分别于1992年、1997年荣获历史学硕士、博士学位。教育部1999年首届全国优秀博士学位论文获得者。2007—2008年哈佛燕京学社访问学者。慕尼黑大学卡森环境与社会研究中心高级研究员，东京大学东洋文化研究所特任教授。研究方向：中国近代灾荒史、环境史、社会经济史

灾害人文学的倡导者

——夏明方教授访谈

导　言

夏明方教授现为中国灾害防御协会灾害史专业委员会会长，国家减灾委专家委员会专家。他长期从事中国灾害史研究，是灾害人文学的倡导者，也是灾害史研究领域最早的全国优秀博士论文获得者。早在2012年我们举办“第五届‘黄河学’高层论坛暨黄河灾害与社会应对学术研讨会”时就曾邀请过夏教授，但因种种原因而错过。2017年，当我将此次纪念访谈计划告知夏教授时，在第一时间就得到了他的支持，但恰逢他要前往日本访问半年，访谈只好推迟。虽然过程一波三折，但访谈中夏明方教授在灾害史研究上的诸多思考确实令我们备受启发！

访谈记录

闵祥鹏：我在进入灾害史研究之初，曾拜读过您跟李文海先生写的一篇文章《邓拓与〈中国救荒史〉》。在文章的开篇，您就提到：“在国内外学术界，只要一提到救荒问题，就不能不想起1937年由邓云特（即邓拓）撰写、商务印书馆出版的《中国救荒史》。”文中还回顾了该书的撰写历程、社会背景、著述内容等，高度评价了邓拓先生《中国救荒史》的学术地位。其中也提到了“由于当时的客观条件的限制，这部巨著也留下了不少的遗憾。如原稿中有关‘近代灾荒中新的社会因素’一项初版时即略去了，以致整部著作于民国灾荒史的状况未能尽言”。但这一遗憾，随着您的《民国时期自然灾害与乡村社会》一书的出版，以及近二十年来您对近代灾荒史的许多研究工作，已经得到弥补。您和李文海先生共同撰写了大量灾害史著作，开拓了中国近现代灾荒史研究的新局面，您能否为我们回顾一下这段灾荒史研究的历程？

夏明方：我自己开始是做民国史研究的，李文海老师从1985年开始整理鸦片战争到1911年的灾害史料，后来将整理的时间范围延长至1949年，先后出版了《近代中国灾害纪年》和《近代中国灾害纪年续编》，我参加了后一本书的部分工作，所以对这方面比较熟悉。我是1997年博士毕业，2000年中国人民大学清史所列入教育部人文社会科学百所重点基地之后，有一个项目叫“清代灾荒研究”，我的研究就随之转到了清代。当然中间也做过一些其他的研究，像《20世纪中国灾变图史》。

闵祥鹏：近代灾荒史研究在史料方面相当丰富，但上古史与中古史的研究则主要来自正史记载。一直以来学界对上古史、中古史的灾荒史料逐渐增多的问题争论颇多，您也曾和复旦大学的葛剑雄先生及其弟子有过一场争论。您如何看待中古史的史料及其相关问题？

夏明方：我在上古史、中古史方面没有什么发言权。我知道学术界有一个争论是关于中国灾害的数字统计问题，就是说越到晚近资料越多，信息越丰富，相对来说记载比较全面，越到早期文献越少，记录就越少，所以认为不同时期的灾害情况没有办法放在一起比较。这种比较只能得出一个结论，就是灾害越近越多，到远古越来越少。有人据此推算春秋时代甚至几十年只有一次灾害，与现在完全不成比例，实际上否定了这种结论的可靠性。

我想对古人有关这方面的记录也不见得那么悲观，这里面有一个判断是什么呢？就是说时代离我们越近信息越丰富，时代离我们越远信息就越少。我觉得这个说得有点过分，实际上，我们对任何史料都要有一个相对化的态度，怎么说呢？举一个简单的例子，关于几千年以来灾害记录的统计，从邓拓开始基本上是以正史为主，但正史作为一个总体，其撰写时间离我们现在有的远有的近，还要考虑到有的时候是当代人写当代史，如司马迁和他的《史记》，到班固以后才开始隔代修史，也就是说这些人在写史的时候他所距离那个事件发生的时间相比较我们而言近得多了，跟我们今天对清代民国时资料的掌握很类似。我们现在评判史书的距离完全是以现代人作为中心的，但是如果从史书撰写的角度，撰写者在利用史料进行整理的时候他离那个时代要比我们近得多。从这点来说，应该可以消解掉那种所谓的年代距离远近的质疑。

凡是入史的肯定都是一些重大的灾害，对国计民生有着重大影响，不像我们今天所接触到的灾害信息，大灾小灾各种各样的都有，但是如果真正要写到正史里面肯定是经过挑选的、有选择性的，区域性的、地方性的、没有重大影响的肯定都被抹掉了。从孔子作《春秋》开始，能够进入史家的视野和笔下的事件都是有重大影响的。我们在讨论灾害规律的时候，从某种意义上来说反映的是比较大的灾害的演变规律，从这个角度去理解，史料本身的意义可能又不一样了。

还有就是涉及如何理解灾害本身的问题。我们过往可能过于强调灾害的所谓自然特性，把所有的天灾归于自然灾害，忽略了灾害和社会的关联，而灾害的影响是和社会连在一起的，同样的一类灾害在不同的社会里的危害范围是不一样的，引起的反应也是不同的。一般来说灾害是自然和人为的相互作用，对以往灾害的记录也需要从这两方面去考虑。当然这里面有两个非常重要的因素，就是人口的数量和规模问题，还有人的地域活动空间问题。在先秦时期，中国版图范围之内有多少人口，这些人主要集中生活在哪些地方，从人口规模去衡量，那个时候被记录下来的灾害危害性或者它的重要性可能比今天看起来同样规模的灾害的影响要大得多。这里涉及对灾害的度量，就是说如果我们把灾害的社会性也考虑进来，一方面考虑它的自然属性，一方面考虑它的社会属性，对灾害的衡量，我相信还是可以找到一些可比之处。当然，如果仅仅用灾害记录去判断它的自然属性，那肯定容易出问题。

自然科学家研究灾害的方式很容易出问题。他们做历史气候变化的时候找不到很好的资料记录，就用灾害记录来代替。但灾害记录不完全是气候的记录，它一转成气候记录就把其中的社会属性给抹掉了，把原来有可能是社会引发的后果都转换成了自然界的影响，所以就容易出问题，当然他们做出来的内容也有参考价值。这也是我们目前要做的一个工作，我们在做数据库的时候特别注意的就是这些方面。

现在研究中国历史上的气候变化，因缺少仪器观测资料，最重要的就是利用历史文献记录，其中的代表性成果就是《中国近五百年旱涝分布图集》。当时在编这个文献的时候做了大量的资料整理工作，这些资料被整理者叫作气候历史资料或者自然灾害史料，但是在整理的过程中，他们往往把社会的要素抹掉或者说淡化，可是很多时候比如说人吃人、米价飞涨，这些都是衡量灾害大小的因素，是不应该被忽视的。我们现在把它还原为灾害的问题，而且这个灾害一定是要从自然性和社会性相互作用的角度去理解。要把这样的一个度量和早先的那个所谓气候历史变化结合起来，还要做大量的工作，但是也不能那么悲观，为什么呢？因为自然科学家有自己的一套方法，可以通过树木年轮、孢粉等角度去研究，我们可以把他们的这些探测信息和文献史料放在一起来进行相互印证，大体上可以做出一个判断。关键还是如何在原来的基础之上去质疑、去批判，然后再借鉴现代新的技术手段、科学手段，加上我们对灾害问题本身的认识，然后去重新理解那个时代。

像方修琦老师早年是从事第四纪研究的，最近十多年一直在利用历史时期的资料做研究，我认为他是目前在自然科学界、地理学界把地理学知识和历史学知识结合得最好的学者之一。他现在更多地把社会因素考虑了进来，当然这也和这几年来历史文献发掘的信息越来越丰富、资料越来越多有关系。所以随着灾害史研究的发展，人的认识也在提高。

满志敏老师和葛全胜老师比较强调自然方面的因素，但是满志敏老师已经开始注意到人的影响，例如他已经考虑到人的经济活动对植物分布的影响。2011 年葛全胜老师出了一本《中国历朝气候变化》，在那本书里面已经开始考虑到这个影响，但是没有特别地把它提出来。2013 年他们组织了一个研习班，邀我到复旦去作报告，我当时讨论的就是这个话题。比如说对于全球气候变暖，有的人认为这不是自然界的原因，更多的是跟测量仪器有关系。因为很多的测量仪器是放在城市里面，而城市有热岛效应，如果把测量仪器放到农村或者其他地方可能它的变化就没有那么大，所以必须把这些因素也考虑进去。

清末的魏源实际上就已经认识到自然和人的关系，他在

《湖广水利论》中特别强调灾害是自然和人共同作用的，更多的时候可能是人为造成的。清初的“江西填湖广，湖广填四川”，长江下游的人口被挤到中游和上游，长江中上游的山地丘陵地带被大肆开发，植被被破坏，雨季水土大量流失，泥沙通过汉江和各个支流进入长江，进入洞庭湖等，本来湖是用来蓄泄水的，现在到处都是泥沙淤积的沙洲，然后老百姓又在上面开始修建新的家园，修圩田，“围湖造田”，而洪水来了以后水位就会被抬高。

我们考虑灾害，认为人和自然的因素在任何时候都是纠结在一起的，有时可能自然界的因素大一些，当然总的趋势是人的力量在增大。但就终极意义而言，我的一贯看法就是，人类活动最终还是要受制于自然界的整体变化规律，包括现在所谓的气候变暖。

豬宣泄之地。乃近年廳汛每於五月初湖河盛漲時。反將諸閘全行堵閉。似爲蓄水增漲挾制開壩之地。若留恐妨農田。何故不啟閘而反驟啟壩。無是情理。若使每年於未啓壩時。先啓二十四閘。每閘過水一丈。合計可減一壩之水。使湖漲減得一分卽減一分之險。五壩能緩開一日。卽下河低田受一日之賜。然後以節令風暴之期。爲開壩之期。此皆當於善後章程內奏請施行。實可謂億萬姓無窮之賜。謹狀。

湖廣水利論

歷代以來。有河患。無江患。河性悍於江。所經兗豫徐地多平衍。其橫溢潰決無足怪。江之流澄於河。所經過兩岸。其狹處則有山以夾之。其寬處則有湖以豬之。宜乎千年永無潰決。乃數十年中。告災不輟。大湖南北。漂田舍。浸城市。請賑緩徵無虛歲。幾與河防同患。何哉。當明之季世。張賊屠蜀民殆盡。楚次之。而江西少受其害。事定之後。江西人入楚。楚人入蜀。故當時有江西塡湖廣。湖廣塡四川之謠。今則承平二百載。土滿人滿。湖北湖南江南各省。沿江沿漢沿湖。向

古微堂外集卷六 十五

日受水之地。無不築圩捍水。成阡陌治廬舍其中。於是平地無遺利。凡湖廣無業之民。多遷黔粵川陝交界。刀耕火種。雖蠶叢峻嶺。老林邃谷。無土不墾。無門不闢。於是山地無遺利。平地無遺利。則不受水。水必與人爭地。而向日受水之區。十去五六矣。山無餘利。則凡箐谷之中。浮沙壅泥。敗葉陳根。歷年瘀積者。至是皆剷掘疏浮。隨大雨傾瀉而下。由山入溪。由溪達漢達江。由江漢達湖。水去沙不去。遂爲洲渚。洲渚日高。湖底日淺。近水居民。又從而圩之田之。而向日受水之區。十去其七八矣。江漢上游。舊有九穴十三口。爲泄水之地。今則南岸九穴淤。而自江至澧數百里。公安石首華容諸縣。盡占爲湖田。北岸十三口淤。而夏首不復受江。監利沔陽縣。亦長堤亘七百餘里。盡占爲圩田。江漢下游。則自黃梅廣濟。下至望江太湖諸縣。向爲潯陽九派者。今亦長堤亘數百里。而澤國盡化桑麻。下游之湖面江面日狹一日。而上游之沙漲日甚一日。夏漲安得不怒。堤垸安得不破。田畝安得不災。然則計將安出。曰。兩害相形。則取其輕。兩利相形。則取其重。爲今日計。不去水之礙。而免水之潰。必不能也。欲導水性。必掘

四一八

魏源《湖广水利论》（《古微堂外集》卷六，清宣统元年国学扶轮社铅印本）

闵祥鹏：生态史学已经是当前重要的研究领域，近年来您在这一方面也做了大量的前瞻性工作，建立了生态史研究中心，那么您是如何从灾害史转向生态史的研究？未来的生态史与灾害史之间如何结合？

夏明方：我是1989年到中国人民大学学习灾害史的，那时候还不知道什么是环境史，在学习的过程中慢慢地了解到国外的一些信息，特别是《中国农史》有时因文章篇幅不够，空的地方往往会有一个补白，发布各种各样的学术信息，我在那里看到澳大利亚的一位教授邓海伦（Helen Dunstan）在编中国环境史通讯的信息，那是我第一次知道中国环境史。那时人大清史所的资料室在铁狮子胡同张自忠路的原段祺瑞执政府里面，在资料室我又刚好看到了刘翠溶和伊懋可（Mark Elvin）主编的《积渐所至：中国环境史论文集》，从那个时候起就开始关心环境史问题。

我的博士论文是1997年完成的，导论里面就写了生态史学，那时我还没用环境史的说法，用的是生态史学，我在里面说生态史学在未来的中国史学园地里一定会熠熠生辉。从那时就开始试图从人与自然相互作用的角度去理解灾害问题。

当年邓拓在做灾害史研究的时候，基本上是按照马克思的唯物史观，从历史唯物主义的角度来进行解释。但是在邓拓同一时代对灾害问题的关注还有很多，有的是从优生学，它某种程度也是灾害史，比如潘光旦有一本书叫《民族特性与民族卫生》，他的民族特性很显然指的就是国民性的问题，主要就是说作为一个普通的中国人或者传统的中国人，多少年来形成的民族特性是和灾荒有很大关系的，因为受到灾荒的影响所以它的消极面比较多，这样一个充满消极色彩的民族在应对外来冲击的时候，当然会有很多不足，所以要拯救这个民族或者说如

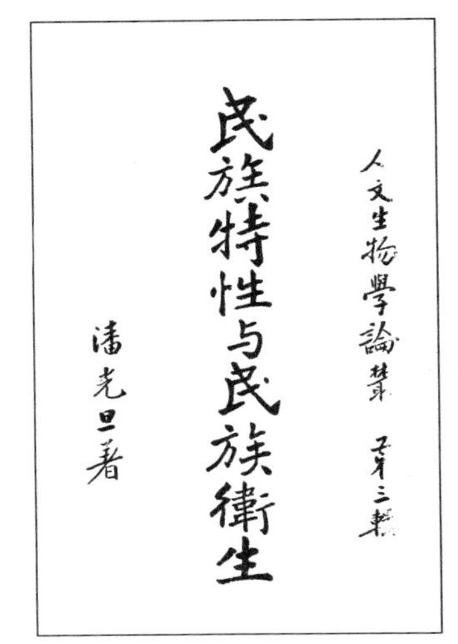

《民族特性与民族卫生》
（商务印书馆，1937 年）

何去救灾，更重要的是对民族素质进行调整，他认为调整民族素质不是从精神层面、文化层面，而是从遗传层面，通过优生改良后代，自然而然地让这个民族走上健康之路。

再如，差不多同一个时代，在西北农林专科学校，现在的西北农林科技大学，有位人口学家蒋杰，针对 20 世纪 30 年代关中、西北的大饥荒对人口造成的影响问题，专门做过大量调查。从某种意义上说，这也是第一次用马尔萨斯（Thomas R. Malthus）的理论做灾荒与人口的关系调查。他也是从人口学的角度来研究灾荒或者灾害问题。又如，1931 年水灾的时候，在金陵大学农学院，现在的南京农业大学的卜凯（John Lossing Buck），是从经济学的角度来研究灾害问题。再比如说竺可桢，主要是从地理气候变化的角度来研究灾害问题。邓拓不太相信竺可桢的说法，即太阳黑子等的变化与 1931 年水灾的关系，他更多强调的是唯物史观，是人与人之间的关系对灾荒的影响。所以灾害问题实际上可以从各个不同的层面去探讨，自然科学和人文科学都可以做这方面的研究。

现在还有一种研究，是从公共管理的角度研究灾害问题，主要是把灾害当作一种危机来处理，也就是所谓的国家治理、社会治理，基本上是从公共角度来讨论的。但是我要说的是，不管是从哪一个角度来讨论，它都回避不了一个问题，就是灾害到底是怎么形成的？它的作用机制是什么？最后它都要回到人与自然交互作用的层面，不回到这个层面很多问题是无法解决的。

2014 年，我在中国政法大学举办的灾害史年会上作了一个主题报告，提出“灾害人文学”的概念，所谓“灾害人文学”就是把灾害放在人与自然相互作用的生态学视野下去考虑。在我看来，没有哪一个问题像灾害这样既可以涉及自然领域，又可以涉及社会领域，因为灾害本身就是自然与社会交织而成的，然后反过来又对自然与社会形成重大影响。所以说把整个灾害事件从这个角度来讨论，可以做出非常全面、非常深刻的揭示。

我个人的看法是灾害史最终的归宿或者最重要的路径应该是回到人与自然交互作用的层面上来讨论，这样它才能变得更有意义、更有价值。当然每位学者都可以从自己的角度去研究，我们也鼓励大家从各自不同的层面来讨论。

我们所说的人为灾害，像战争、车祸等，也要考虑到其中有没有自然的背景，有的时候这类灾难可能无法寻觅出其自然因素，但是如果对自然科学知识有所了解，对一些现象和规律有所把握，我们就会发现，自然界的变动往往可能和人类社会的变动交织在一起，我们不可能把社会从自然界抽离出来单独地去加以分析。在我们生活的国家里面，哪一个地方没有人类活动的痕迹？树木是自然的吗？可能它就是人栽的，而且人要对它进行修剪，它还要受到建筑物的影响，所以说看起来好像是自然的，实际上已经不是了。

从生态的角度研究灾害，你的视野会更开阔，你要了解的信息会更丰富，你总会把自然的、人文的各方面的知识都要有所了解。当然也有人提出批评，说目前的环境史只关注危机、只关注灾害，没有考虑到积极的一面、和谐的一面。这种批评也有它的道理，但是你必须要回答一句，如果这个世界没有任何问题的话，为什么还要做环境史的研究呢？没有危机意识、忧患意识，环境史将毫无意义。如果说我们只发现安全的一面，那如何看待历史时期曾经遭遇过的那么多灾难以及我们今天仍然面临的一系列问题呢？

闵祥鹏：确实如您所说，灾害是人与自然之间矛盾最突出、最集中的展现，这正是我们研究它的必要性。自然科学家用树木年轮、岩芯等方法来研究气象灾害容易强调气候变迁对历史的决定性影响，但是人文学者从文本出发则多探讨灾害的社会因素，两者的结论往往有矛盾的地方。如何看待这些矛盾以及客观分析灾害中的自然因素与社会因素在历史演进中所起的作用呢？

夏明方：从某种意义上说，人生活的自然界的变化永远是主导性的一面，包括地形、气候也不是自古就是这样，大概在一万多年以前才大体上稳定下来，构成了所谓的全新世时代。但是即使是全新世时代地球的表面、生物圈、大气层也在变动之中，虽然不像更新世或更早期变动得那么剧烈，但是它本身还是在变，这些变动才是常态。社会也是一样，对灾害性事件，不能只是作为一个偶然的、突发的或者是个别的事件来考虑，我一贯的看法就是，必须把它放在历史演化动力的角度去考虑，这样才有意义。

举一个简单的例子，最近有一项研究，是从社会学的角度来探讨基督教，认为基督教产生的一个很重要原因就是当时发生了大瘟疫，瘟疫传播的过程导致了福音的诞生。13、14世纪欧洲鼠疫的流行更使大家对宗教、对上帝信仰产生了怀疑，后来薄伽丘的《十日谈》开始质疑基督教才导致人性的启蒙。

制度本身就是对灾害事件的反应过程，包括战争从某种程度上也应该作为一种灾害去理解。魏特夫（Karl A. Wittfogel）《东方专制主义》里的观点有一定的道理，也有一些问题，一直到今天大家仍然在讨论。我们总是说他的观点不成立，有一批学者在20世纪90年代专门写了一本书去批判，认为里面的观点不适用于中国。到现在为止，我们关于“水利社会”的讨论内容比以前丰富得多，研究的方法也不一样了，对治水和社会历史之间的关系跟他的认识还是有很大的差异，但总体上还是回避不了他提出的权力与治水之间的

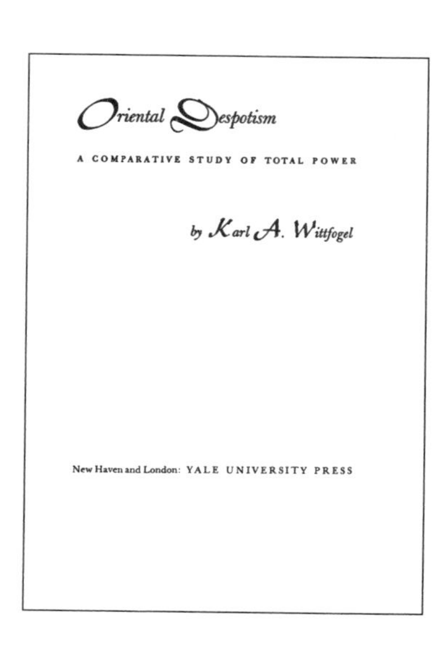

魏特夫《东方专制主义》，
1957年英文版扉页

关联问题。魏特夫比较重视自上而下的，尤其是来自于帝王的中央集权专制体系，相对忽略了基层社会所发挥的影响力，更多地从奴役、权力压迫这个角度去考虑治水与社会的关系。但是即使我们把基层社会的自主性即所谓的自治发掘出来，在我看来也很难彻底地颠覆魏特夫的结论，他的理论可以修正，但是很难认为那是错的。当然魏特夫在意识形态上是有问题的，当年之所以写这样一本书，就是为了配合冷战，把苏联、中国作为所谓的专制社会，从某种意义上说，他应该是在历史社会领域里面发起冷战的一位重要学者。

与魏特夫同时的学者冀朝鼎，在《中国历史上的基本经济区》里讨论经济区的转移，我们现在可以把基本经济区这个概念扩展，比如说以水为中心的生态系统，把它作为一个政治型集权控制下的生态系统来考虑，这里会集聚大量的人口，人口增加自然而然就有衣食住行等各个方面的需求，同时对周边自然资源的需求量会加大，一旦超越负荷，对环境就会造成破坏，所以都城的转移实际上是和环境的变化有关系的。而且环境的变化某种程度上是由于人为因素引起的，我们不能把灾害当作纯自然的因素来考虑，一定要和社会因素联系起来。所以我们可以把政治重心的转移和生态系统的演化联系起来考虑，这样去理解灾害可能结论就不一样了。人口越多，和自然要素的相关性就会越大，稍微控制不当可能就会发生灾害，即使控制得当、运转良好，但随着人口规模的扩展最后还会带来环境灾害等问题。

社会和自然实际上是纠合在一起的，灾害一定是人与自然的交互作用，没人的地方就不可能有灾害，对人造成影响的才是自然灾害。例如地震，造成灾害的叫地震灾害，没有造成灾害就是地震，干旱如果没有造成灾害就是干旱，洪水没有造成灾害就是洪水，所以干旱、洪水不是灾害。灾害记载受社会因素的影响，比如说灾异思想，为什么有灾异思想？社会对灾没有恐惧心理的话，灾异思想是不可能出现的，它是社会的、是文化的，本身是源于一种对灾害的恐惧。

我之所以提出一个所谓的“灾害人文学”概念，就是想要把社会和自然结合起来去讨论，我自己写了一个初稿，大概三四万字，但是没有最后成文，我希望能尽快完成。我就是想在这方面做一些工作，在历史学家或者人文学者看来好像是不值得研究的一些内容，现在统统都可以纳入到我们的视野里面，这个研究非常宽广，有很多内容值得讨论。

闵祥鹏：80年前，邓拓先生为灾害史研究确立了典范，但80年后当前的很多灾害史研究者仍然沿袭邓拓先生80年前的旧有框架：灾情灾况、分布特征、灾害成因、救灾措施、灾异思想等。灾情灾况多按水、旱、蝗、震等分类介绍；灾害成因大多分为自然因素与社会因素两类；救灾方式总结起来不外乎兴修水利、开仓赈济、减免赋税、开垦荒地等。这致使近年来的多数研究成果，除朝代、区域有别外，篇章结构大同小异，观点结论基本雷同，或者在前人著作的基础增加几条史料以示有所区别。这种研究没有真正的突破性，尤其是在断代灾害史和按照行政区域进行研究的灾害史著作中表现得尤其明显，那么您觉得我们应该怎样进行一种研究范式的突破？

夏明方：很多时候我们考虑问题时始终有一种固定思维，我把它叫作“线性逻辑”，就是简单地在形式逻辑基础之上来推理，有因必有果，非此即彼。这是有问题的，历史很复杂，更多的时候起作用的往往是一种我们叫作“非线性关系”的东西，所谓“非线性关系”就是说它的效果往往是不成比例的，在特定的时刻，一点小的影响都有可能引发巨大的差异。而灾害的研究非常有利于我们去把握这种非线性的逻辑，因为灾害的形成总是有很多不确定因素，往往都会改变我们心目中所谓的常态社会，我们能够预测到的运行轨迹会被打乱。这就是我们说的灾害史不仅仅是一个研究对象的问题，有时还要涉及研究方法的问题。

我们目前的研究中存在着雷同的问题，特别是在各个断代的研究上面，但我的想法是，什么样的方法都可以去做灾害史的研究，用断代的去做也好，用跨朝代的长时段去做也好，角度不同，看问题的方式也不同。断代有断代的好处，从某种意义上来说它是我们历史的一个组成部分，改朝换代之后，同样的问题就属于不同朝代的独特现象，它的整体结构已经发生变化了，这时灾害按照断代史研究就有意义了。比如说唐代发生的一个灾害，如果按照隋代的轨道去研究，从某种意义上就是将两个不同朝代对于灾害反应的特点抹掉了。所以说朝代的研究是有意义的，但关键是做研究的时候不能只做某个朝代，不去了解前朝后代。做唐代的灾害研究，只在唐代里面打转，不去注意其他人在隋代或者其他时期所做的研究，则很难发现不同的时代特点。这里更重要的是研究主体本身的问题，没有真正自觉地把唐代的历史背景作为一个问题意识，只是作为一个时间段来考虑。

每个时代应对自然灾害时，它的社会因素都发生着变化，灾害的规模、损失、受灾区域等各不相同，我们的逻辑也要变化，即使是同样的要素在不同的时期出现，但时空范围变化了，整个社会的结构也会发生变动，所以同样的要素一定会有不同的意义在里面。即使构成的元素相同，但是按照不同的结构去排列则可以形成不同的物体，对历史研究而言，必须放到语境里面去思考。所以灾害按断代去研究是可以的，但是一定要放在具体朝代的语境里面去理解，这样才有意义。

从空间上去讨论灾害，则要从地方史、国别史或是更大的区域史去研究。行政区划在历史时期是固有存在的，如果发生跨行政区的灾害，它就必然要面对两个或两个以上行政区之间以及它们与朝廷之间的协调问题，如果把行政区抹掉的话很多东西就看不清楚了。关键不是说从哪个角度研究，而是说当从这个角度研究的时候如何去研究，是研究方法出了问题，不是研究单位的选择有问题。

实际上我觉得从灾害的角度重新解读中国历史大有可为。我们不能把自己的眼界局限在社会中的某个所谓灾害，而是要把灾害当成社会的一个部分，要把它作为社会转化的动力之一，这样我们对于灾害史的认识就不一样了。就灾害而言，把它作为人与自然交互作用的过程，就容易理解很多问题。这并不意味着它不是自然的问题，而是说人文社会在发生变化，原来的不成为灾害的自然因素现在也可以变成导致灾害的因素了，要把两个方面结合起来讨论。

灾害人文学的概念与我 2004 年发表的一篇文章《中国灾害史研究的非人文化倾向》有很大的关系，当时中国气象局的张家诚先生，看了以后说这篇文章对当代中国防灾减灾体制的建设应有一定的借鉴意义。他说把所有的灾害当作自然灾害去理解，在决策方面会导致一些误判。

阿马蒂亚·森在《贫困和饥荒》里特别强调交换权力，他有一个很重要的判断就是民主社会是没有饥荒的，但是我提一个问题，饥荒都是跟专制、非民主有关，那么饥荒的国度如何去建立民主社会？按照森的逻辑，这个问题没办法解决。而且在一个饥荒的国度里是不是就一定有东方专制主义？不论是民主社会还是专制社会，自然因素还要不要去考虑？他完全否定这一点，所以是有问题的。如果把阿马蒂亚·森的观点高度概括，不从交换权力的角度，而是从人为要素来说，它是没有新意的。

另外，考虑问题也不能绝对化，因为从某种意义上来说研究单位是可以人为划定的，比如说我们现在身处的这个房间就是空间范围，就可以作为研究单位。可以先确定单位，但是关键是你在确定单位的时候必须考虑到它可能存在的局限和不足。举个很简单的例子，古代灾害的度量里有房屋倒塌多少的记载，它统计的单位就是一个一个的房间。历史时期的灾害记录需要讨论，灾害记录的特征、特点是什么在不同时期也有一定的区别，具体问题具体分析，但分析完史料之后，最后肯定可以找到相关的问题。做计量分析应该没什么问题，但是不能绝对化。曾经有一段时期，我们把灾害史料摘录出来加以数据化，研究历史就以这些数据作为依据，这样很容易出问题，现在很多学者注意到了这一点。

后 记

从2004年在《史学月刊》上发表《中国灾害史研究的非人文化倾向》，到今天访谈中夏教授提出的“灾害人文学”，他在灾害史研究领域逐渐构建出新的理论体系。在今天的访谈中，虽然夏明方教授并未完全展开详谈，但作为“灾害人文学”的倡导者，他的很多思路对于开拓灾害史研究有着里程碑式的意义。

煮粥行

［清］尤侗

去年散米数千人，今年煮粥才数百。
去年领米有完衣，今年啜粥见皮骨。
去年人壮今年老，去年人众今年少。
爷娘饿死葬荒郊，妻儿卖去辽阳道。
小人原有数亩田，前年尽被豪强圈。
身与庄头为客作，里长尚索人丁钱。
庄头水涝家亦苦，驱逐佣工出门户。
今朝有粥且充饥，那得年年靠官府！
商量欲向异方投，携男抱女充车牛。
纵然跋涉经千里，恐是逃人不肯收。

捌

用什么样的方法取决于你要回答什么样的问题，是问题导向的，而不是方法本身。

——方修琦

受访学者：方修琦教授
访谈时间：2018 年 3 月 14 日下午 14：00—16：00
访谈地点：北京师范大学生地楼 368 室
访谈整理：赵玲、徐清

个人简介

方修琦，1962 年生，北京师范大学教授、博士生导师。本科、硕士和博士阶段均就读于北京师范大学，分别毕业于 1984 年、1987 年和 1994 年。1994 年 3 月—1995 年 3 月，澳大利亚 Macquarie 大学 Climatic Impacts Centre 访问学者。2001 年 1 月—2002 年 12 月，中国科学院地理科学与资源研究所陆地表层系统开放实验室高级访问学者。
研究方向：环境演变、自然地理学

文理融合的跨学科研究

——方修琦教授访谈

导　言

我们一直非常关注方修琦教授的研究，虽然他有地理学的学术背景，但研究却并不是从沉积、树木年轮等自然科学的证据出发，而是更多利用历史文献。尤其是他将社会经济指标进行量化处理，并与历史气候的序列建立关系，是当前灾害史研究的有益尝试。虽然与方教授约定的时间是下午 2 点，但我提前 1 个小时便来到方教授的办公室前等候，希望能从访谈中了解更多的学科前沿。

访谈记录

闵祥鹏：我们知道，您的学术背景是自然地理学，那么究竟是什么因素促使您去进行灾害史研究的呢？

方修琦：我做灾害的研究与原来的研究背景有关，我的研究方向是“环境演变”，是从时间的角度去研究地理学的问题，即环境变化的问题，我们所谓的灾害实际上是自然界变化到了一定程度、超过一定范围之后异常的状态。1987 年，联合国提出“国际减灾十年”之后，国内出现了研究灾害的热潮，这也是我做灾害史研究的一个因素。当时我的导师张兰生先生就主张地理学做灾害研究分为两个角度：一是从区域的角度做区域分异，为此当时北师大做了很多灾害区划的工作；二是从环境变化的角度去做灾害研究，我自己一直坚持做的研究实际上都跟这两个角度相关。我是以自然作为出发点去看环境的变化是如何影响到人的，即以环境的变化作为基础去谈历史上的人地关系。

闵祥鹏： 灾害史的研究中，您的研究方法与许多历史学、地理学的学者有着很大不同，您关注史料，但更多运用量化分析方法，尤其是用社会经济指标研究自然环境的变化，这也是许多灾荒史研究者不断强调的方法。

方修琦： 我在社会经济的量化上找到了一套办法，这是我到目前为止做的有进步的地方。量化分析对于研究历史问题和人地关系问题有个优势，它会去掉整个过程当中的随机因素，把社会经济的指标做量化处理之后，可以与历史气候的序列去建立可对比的关系，可以用统一的办法去处理一些历史环境问题。当然也不排除在某个具体的事件里面，某个人或者某个很随机的历史因素起着关键作用。

闵祥鹏： 那么您如何看待当前的灾害史研究？对灾害史未来的研究趋势您又有怎样的看法呢？

方修琦： 理解历史上的灾害问题，我认为首先有一套理论体系或者说概念体系是很重要的。比如我们去做研究的时候把气候变化作为一个驱动，但是同时我们最近几年实际上是在关注社会系统的脆弱性，脆弱性这个概念是现代灾害学研究或现代气候变化研究里面大家公用的概念，用来解释自然如何影响人，然后人如何回应自然。把这套概念体系运用到灾害史问题的研究中，对人与自然的相关研究具有重要的推动作用。

其次，我们要去做统计分析和个案研究。去剖析一系列的个案，然后做一些统计分析，从而找到一般性的认识，从过程或机制里找到一般性的理解，比如说灾害发生之后它的影响进入到人类社会系统以后的传递路径是怎么样的，什么时候会出现影响社会变革的临界值，我们可以从这里找到一些一般性的规律。我觉得历史对于现在或未来有借鉴意义的地方是它的一般规律，而不是特别的、随机的那些事件，特别的、随机的事件是不可复制的，但是一般性的规律像人的认知过程、响应的次序，这些在历史和现实中具有相似性。

我个人对历史问题的理解可能跟历史学界的人会有很大的不同，我的研究是通过历史来理解现代，就是通过历史事件发生的过程去理解现代或者未来可能发生的过程，所以不是为了解答、解释历史，不是还原历史的真实，而是从历史里去抽取出一般性的可以借鉴的内容。这与做历史研究的人可能是有分歧的，做历史研究的人特别强调真实，强调占有资料的完整性和可靠性。但问题是，真实的内容里面有些对于后来的人类发展是有用的，有些是没用的，我们把中国历史作为一个系统去理解的时候，有些真实在演化过程中已经被历史淘汰了。另外，资料的占有当然是越多越好，但是从统计的角度讲数量达到一定程度之后，资料的增加对认识是没有帮助的。我的导师曾对我说过如何去评价学术水平，就是在占有相同资料的情况下，能够看到更多别人看不到的内容，这才是高水平。怎样从有限的资料中看到更多资料背后的东西其实是很重要的。资料的发掘永无止境，我们积累资料，然后去逐步深化认识，但是从统计的意义上讲，不一定要穷尽资料，因为资料积累到一定程度之后多十条或一百条是没有本质差别的。

对于历史的认识，包括所有的科学认识其实是允许有错的，认识的过程是逐步深化的，在有限的资料中去形成自身的认识本身就要接受一定程度的误差，这个误差是可以接受的，不影响对一般性规律的认识。在有限的时间内做出一个总体正确但相对有偏差的成果，相比于一定要做到完美，可能会更有价值。比如说我们去做历史社会经济等级序列研究的时候，跟做历史或者历史地理研究的老师交流时，他们就一定不会这么做，做出的成果风险太大了。但他们也承认，在长时段的分析中，只要不做出颠倒性的结论，出现一些偏差也是可以接受的。换个角度讲，即便两千年里我有三两个十年真的定错了，在做统计的过程中它也不会对我的认识有影响。

闵祥鹏：我赞同您这个统计分析的方法，最普通的灾害次数的统计，我也觉得它有用。很多学者都提出来从先秦到明清灾害的次数越来越多，您觉得灾害是越来越多吗？我认为这个结论的得出是出于文本记载的倾向性与基于文本分析的相关性。

方修琦：用什么样的方法取决于你要回答什么样的问题，是问题导向的，而不是方法本身。我们统计历史记录的时候其实要做的第一件事是时间上的均一化，即分段地去做一个平均值，然后去看每个分段里面各自的波动幅度，这就把资料时间上的不均一性剔除掉了。这时我们看到的是平稳序列，当我们去分析气候波动和灾害的关系时，灾害的序列是个平稳序列，它的平均值是不随着时间变化的，但是它的值是波动的，这时候才可以得出它们之间哪些关系是需要处理的。

许多人认为从先秦到明清灾害的次数越来越多，其实灾害记录本身回答的是两件事。首先是记录的不均匀性，换个角度去解释时，可能灾害的次数是越来越多的，而自然本身并没有变化或者自然本身没有那么大的变化，但是因为人的缘故暴露度增加了或者说脆弱性增加了，之后灾害看起来就多了。同样的数据要看回答什么问题，而且一定要剔除掉所谓记录不均匀的影响，在同样的记录水平上去比较，例如汉唐宋都城周边的灾害，如果记录本身没有差别，那就要考虑人为影响因素了，就是要证明一个结论的时候还得说明它为什么不是另外一个问题。

闵祥鹏：量化分析是灾害史研究中的一种重要方式，但是有的时候史料记载得不详细，无法进行量化，这种情况下怎么来进行研究？

方修琦：我们做的序列里边可以归成几类，最简单的一类叫作统计频次。比如说统计农民起义的时候，结论就是越来越多，但是我怎样保证时间上的可比性呢？我选一本现代的通史著作，它对于每个朝代所着的笔墨应该是一样的，所以每个朝代写的农民起义在规模上应该是可比的，这就剔除掉了那些规模小的，而只保留了那些影响到国家稳定的规模较大的农民起义，它们是大体上被正史记载而且又被现代的史学家们筛选了一遍而记录下来的。第二类我们叫作饥荒指数，饥荒指数实际上是做了两个处理，一个处理就是订正频次的不均匀，分段去做平均，另外就是做空间的订正，把这两个合起来变成一个综合指数，既反映了在空间规模上的差别，也剔除了时间记录的不均匀性。还有就是对农耕民族与游牧民族之间的战争也做了频次统计，统计之后订正时间，然后去比较。

最主要做的是等级化序列，就是农作物丰歉问题，然后是经济和社会的兴衰，从概念上来讲等级划分首先要有物理意义，其次要符合统计学的规律。比如说丰歉会有一个概率，常识性的认识就是说灾越大丰产出现的概率越小，正常年景丰产出现的概率最高，所以做划分的时候分出来的级别要符合这种规律，这是最基本的。比如说做经济研究的时候用现代经济学的经济周期概念，即一个社会的经济周期会有所谓的兴盛到衰亡的轮回，这个轮回在不同的阶段有不同的叫法，最盛、较好、最萧条等。我们把这套概念与历史相对应，什么样的词描述的是经济最好的状态，什么样的词描述的是经济最萧条的状态，然后按照经济学的概念体系区分出来。所有这些最基本的是要有物理意义，就是要符合现代科学界定，符合统计学规律，国家气象局做《中国近五百年旱涝分布图集》的时候就是用的这套概念。

闵祥鹏：您说的丰歉情况在明清以后是有一些具体的人口数字、粮食产量等记录的，但是唐代以前并没有这种记载，更多的还是受灾异思想的影响，史料更多的时候反映的是社会问题，它应该不是一个可以用作量化统计的指标，当我们去做研究的时候可能更多涉及的是社会问题、社会现象，回到统计上来讲，比如说某些词出现的频次比较多了，那反映的也是一个社会现象吧？

方修琦：我觉得史料怎么用取决于你的要求或者所研究的问题。能够解释这个问题，关键是说有些变化的背后有所谓的我们关心的事情，比如到了清中后期以后救灾的思路就变了，民间救助开始兴起，那这是好事还是坏事呢？这取决于怎么解释，夏明方等学者认为民间救助的兴起意味着政府救助的衰落，是政府控制力的下降，实际上是政府没有能力了，所以才需要民间救助，政府有能力的时候民间救助是提不上日程的，所以这反映的不是救灾手段的提高与丰富，而是救灾能力的下降。我们做了详细的统计，乾隆时救灾的规模很大，到了咸丰、道光以后就不行了，这不是社会进步的表现，而是政府无力应对，拿不出措施。从概念上讲，我们说响应的层次是从低到高的，从个体到社区到国家，正常的响应层次应该是这样的，当大灾发生时国家不能响应，就意味着国家的治理能力差了。

闵祥鹏：做气候或者地质研究的学者，通过岩芯或树木年轮得出来的结论往往与历史记录不对应，怎么看待他们通过这种方式得出的结论和我们从历史文献得出的结论之间的差异呢？

方修琦：使用树木年轮、石笋或是湖泊去做研究，本身与使用历史文献是没有本质差别的，都有各自的优点和缺陷。问题是它的变化指示的是什么？对于社会的意义是什么？比如说湖泊面积或石笋数量的指标，是不是指示干旱？这个地方的干旱是不是代表中国的干旱？中国的面积这么大，代表的又是哪个区域的干旱？从自然背景做历史研究的人对于历史的理解是比较简单化的，所以他们更多地认为历史演进和地理环境有关，这种研究方式最近比较热门，在国际上也是这样。

大家在论述气候变化与社会变迁的时候通常是从起点到终点直接建立起联系，但更重要的是从起点到终点中间发生过什么事情，即气候变化如何影响社会变迁，我是希望能看到这个过程。这是很复杂的问题，像清代乾隆时和光绪时的旱灾，它们的社会影响就不一样。我们要去找到气候真正对社会起作用的临界点。虽然中间的过程不清楚，我们也不能认定它们与社会和王朝的灭亡没有关系，但有时去判断一些复杂的社会问题，我们需要借助更专业细致的分析。

我最早是做考古时期气候变化对考古文化的影响。那时候，我就想这其中的过程，证据其实是比较少的。但如果连它生存最基本的气候条件都不具备了，这个地方一定是被气候影响了。不过仅就热量资源而言，很难说气候变冷了长江流域的考古文化就会灭亡。长江流域气温下降三五摄氏度差不多也就是华北地区的水平，华北有文化存在，长江流域就可以有文化存在，所以长江流域文明的兴衰可能有气温之外的影响因素。另外，就是要找气候变化的同步性，我们做统计很多时候是比较不同的要素变化的同步性，这种同步性就意味着它们之间会有某种关联，或者说这种关联性比另外不同步的关联性可能更大，通过这样的一些办法能够把中间的社会过程在其中的抑制作用或者放大作用呈现出来。有些气候变化其实是很小的，但是与社会环境联系起来就放大了。

闵祥鹏：中国古代文本记载主要是正史，而且深受灾异思想的影响，对灾害的认知与现代灾害学是不一样的，我们用现代灾害学的概念去界定是否不可取。

方修琦：这取决于你的目的。做研究可用的资料就那么多，你的目的决定了你怎么去使用它们，最低限度上讲，不论记灾的后面跟着记了什么内容，记灾这件事本身还是靠得住的，后面的内容怎么理解是另外一回事。哪怕记载的是天人感应，从用词的差别也会反映出灾害本身的差别。

区分历史上与现在的概念的差别，比较时就会发现有些是可以比的，有些是不可比的。原来的灾其实是属于自然的范畴，就是自然发生的灾害才叫灾，它的概念等同于现在的自然灾害，和人为灾害是区分的。天人感应的不同记录代表着不同的感应程度，如果去掉迷信的内容，那么它的天人感应的程度越高意味着灾越大。

后　记

这次与方修琦教授的访谈，因为约定时间较为仓促，所以方教授并未有所准备。但在有限的时间里，我却感受到方教授与其他灾害史研究者的明显差异：独树一帜的研究方法，独辟蹊径的研究思路。不仅表现在对史料辨析的态度上，而且体现在灾害概念的理解与区分中，方教授的研究，确实体现了我们灾害史研究中不断强调，但许多学者却无法做到的文理融合与跨学科交叉。

东平路中遇大水

［唐］高适

天灾自古有，昏垫弥今秋。霖霪溢川原，澒洞涵田畴。
指途适汶阳，挂席经芦洲。永望齐鲁郊，白云何悠悠。
傍沿巨野泽，大水纵横流。虫蛇拥独树，麋鹿奔行舟。
稼穑随波澜，西成不可求。室居相枕藉，蛙黾声啾啾。
仍怜穴蚁漂，益羡云禽游。农夫无倚着，野老生殷忧。
圣主当深仁，庙堂运良筹。仓廪终尔给，田租应罢收。
我心胡郁陶，征旅亦悲愁。纵怀济时策，谁肯论吾谋。

玖

我们做史学研究的人要给社会提供一些有价值的成果，不只是为社会发展提供建议，更重要的是要给人类提供一种认识历史、认识社会的方法，史学研究的目的是教会人们去正确地认识国家、认识民族、认识历史、认识社会。

——袁林

受访学者：袁林教授

访谈时间：2018年3月17日上午9：00—10：00

访谈地点：陕西师范大学雁塔校区2402室

访谈整理：赵玲、徐清

个人简介

袁林，1949年9月生，陕西师范大学教授、博士生导师。长期从事中国古代史的教学与研究，曾在《历史研究》《中国经济史研究》等期刊上发表论文50余篇，出版独著、译著4部，《西北灾荒史》是其在灾荒史领域的主要著作。另外，在历史文献数字化方面也有一定创见，主持完成了“汉籍全文检索系统”“汉籍数字图书馆”等数据库。

研究方向：西北灾荒史、中国古代经济史、先秦史

经世致用，关注现实

——袁林教授访谈

导　言

袁林教授的《西北灾荒史》是20世纪90年代西北区域灾害史研究的重要著作。在黄正林教授的引荐下，我拜访了袁教授。与袁林教授的访谈约在上午9点，但出门不久，小雨便淅淅沥沥下个不停，到访谈地点时已有所耽搁，但袁教授早已沏茶以待，与袁教授虽是初次见面，但一见如故。与系列访谈的其他专家不同，袁教授亲身经历过饥荒，切身感受到灾害的痛楚，这也使得经世致用、关注现实的治学思想贯穿其学术生涯。

访谈记录

闵祥鹏：您的《西北灾荒史》已经出版了三十多年，至今仍是研究西北地区灾荒的重要著作，那么在当时您为什么会选择这个研究题目呢？

袁林：首先这跟我自身的经历有很大的关系，我经历过1960年前后的大饥荒，亲身体验过挨饿的滋味，后来在甘肃庆阳当了几年插队知青，也是多受饥饿，与电视剧《血色浪漫》中的情节有些相似，另外，我的岳父就饿死在夹边沟。灾荒对于中国人来说始终是非常大的威胁，中国历史上很多重大转折都和灾荒联系在一起，像农民起义最直接的导火索往往就是灾荒。其次就是当年的学术研究大背景，20 世纪 80 年代社会上有一种“史学无用”的说法，所以史学界有很多人觉得史学应该为社会做一些贡献，甘肃省史学界就开过几次会，讨论史学能不能对西北地区的发展起到一些作用。在这样的双重背景下，我想到了灾荒史这个研究题目。

闵祥鹏：您在研究的过程中，对于像邓拓先生等前人的研究成果有哪些借鉴呢？在您的写作过程中自身又进行了怎样的探索？

袁林：邓拓先生和陈高佣先生的著作是 1949 年之前灾荒史研究的重要成果，邓拓先生的《中国救荒史》主要是从社会角度来研究灾荒，就是说灾荒会引发哪些社会性后果，而社会又是如何应对灾荒的，他在书里实质上也多少带有批评时政的意思，因为他身处的那个年代属于中国灾荒发生较多的时期，政府的救荒政策也并不完善。而陈高佣先生的《中国历代天灾人祸表》更多属于一种资料的整理。我的思路与他们还是不一样的，这也和我自身的条件有关。中学时，所有的科目中我成绩最好的是数学，后来学历史实际上是一个“误会”，如果没有发生“文革”的话，我可能也走不到历史研究上来。

当时在确定研究西北灾荒史的时候，就是想要从中找出规律来。在我看来，灾与荒是应该区分开的。荒的发生人为因素比较多，灾发生了，如果社会清明，救济及时，它不一定导致荒，如果社会不清明，一个小灾也可能造成大荒。

灾荒研究，其中的一条路径是自然科学对机理的研究，例如搞气象的学者，能预见某时可能会发生旱灾，然后进行预防。不过，虽然现在机理研究有很大的进步，但实际上灾害预防在某种程度上仍然难以完全实现，比如地震，我们虽然知道了发生的原因，但还是无法提前预测。

中国历史的记载一直延续了下来，形成了丰富的史料，这为我们的研究提供了极大的便利，我的思路就是不考虑机理的问题，仅仅从这些史料着手，用数理统计的办法找出规律来。陈高佣先生的著作中也有一些比较简单的统计，但那仅仅是频次统计。我一开始思路不清晰时，还是按照陈高佣先生的思路，先搜集资料，然后做频次统计。在这个过程中，通过看地震学、气象学方面的著作，发现了一种比较好的数学方法，叫作“波谱分析方法”，我采用了其中的“功率谱分析方法”，这是一种纯粹的数理统计，不考虑发生机理，只要把数据摆出来就能分析出周期。当然，数理统计的结论都有一个置信度问题，一般来说置信度低于30%就没有任何意义，能达到60%—70%的置信度，就已经具有一定的意义，可以根据所得结论做预测了。在地震预测上人们尝试过用这种方法，在气象预测上也有人尝试过用这种方法，我在《西北灾荒史》里就采用了这种分析方法，直接借用了他们的公式。

当然，我的数学水平也只到能理解它的程度，知道怎么去运用，但如何计算还是没有办法，计算工作量太大，不是人工能够计算的。当时是1992年，计算机还非常少，正好我有一个亲戚在兰州飞天公司工作，他们公司有一台计算机，管计算机的人是北京工业大学计算机专业毕业的屠钧，他知道该设计什么样的程序，怎样来做。我最重要的工作就是把搜集来的史料量化为数值，不量化为数值，计算机根本没办法处理，我设计了一个“等级式量化方法”，从1到5分为五级，没有灾害为0，个别特大灾害再升一级为6，从而把灾害史料量化，量化之后形成了一个比较完整的时间数列，“功率谱分析方法”就适合于这种数列的计算。公司里的计算机不能随便用，晚上8点屠钧给我们开门，我和老伴进去，第二天早上他来开门，我们再出来。那时候还不会键盘打字，老伴念我整理的数据表，我用“一指禅”在键盘上敲，整理了两个晚上，把数据全部输进去。第三天白天我们去计算，那时候计算机没有现在通用的显示器，输出靠打印机，而且速度很慢，好几分钟没动静，屠钧说：“死机了？”这是我第一次听到“死机”这个词，就在这时打印机响了，数据出来了，我根据这些数据再进行一些加工，就得出了最终的结论。

灾害史研究工作从史学的角度来说就是大量地搜集资料，当时我在这方面有两个便利条件。一是甘肃省图书馆历史文献部主任周丕显先生给我们上过课，借他的关系，我去甘肃省图书馆查古籍和各类书籍比较方便；二是20世纪70年代气象学界、地震学界、政府机构都有人做过一些资料整理工作，形成了一些资料集，这些资料是间接资料，我核对后可以拿来使用。我记得当时甘肃省文史委员会有位老先生出了一本关于甘肃灾荒的历史资料集，我发现出处错误很多，就专门去老先生家拜访，在破旧昏暗的住房里，老先生向我解释说，20世纪五六十年代他把资料整理出来，油印成册，但是上面没有注出处，浩劫中被扫地出门，历尽艰难，原来手头的资料全丢失了，现在重排印刷的资料出处是凭记忆补上去的。老先生的经历让人感慨，但这种材料我就不敢采用了。

在西北灾荒史的研究上，我做的工作主要是两个方面。一是花费了大量的时间和精力搜集资料，像《明实录》《清实录》等，我整体翻检了一遍；二是运用数理统计方法来处理、分析数据，这是我的优势，我知道用什么数学方法来解决问题，而且也理解这种方法的执行过程，只是我不会编程，请人帮忙编程而已。

河南大学图书馆藏《明实录》书影

河南大学图书馆藏《清实录》书影

我的研究方法和邓拓先生相比还是有所区别的，他不求资料的全面，主要是探讨社会对灾荒的应对，所以叫“救荒史”。陈高佣先生的研究方式是搜集资料，但是因为范围涉及全国，搜集的资料并不全面，基本上是正史里的内容，然后做一个简单的分析。我的研究局限在西北地区，实际只包含陕西、甘肃、宁夏和青海的一部分，牧区和沙漠区不在研究范围之内，在这个范围内的资料我几乎是“竭泽而渔”，并且用数理统计的方法从这些史料中得出了一些规律性、周期性的结论。

闵祥鹏：近年来您似乎很少从事灾荒史的研究，也很少看到您在灾荒方面有新的论著，是什么原因导致这种转变呢？是否您认为灾荒史已经不再是当前研究的重点？

袁林：这个问题与我的个人性格有关。我属于那种跟着兴趣走的人，不喜欢按部就班，亦步亦趋，感觉哪个领域能突破，能做出新成果，兴趣马上就提起来了，全力以赴去攻这个研究方向，等到突破的可能性变小，我马上又兴味索然，不想再做。因为插队三年，煤矿井下干了八年，等“文革”结束我考上大学时已经29周岁半了，因为“文革”期间看过一些历史书，就阴差阳错地走进了历史学的大门。在历史研究里，我最关注的还是社会的转变期，对先秦时期和近代以来的变化最感兴趣。毕业留校后主要是研究先秦史，在南开大学随王玉哲先生攻读博士学位期间也是做先秦经济史研究。灾荒史研究实际上是出于种种因素偶然涉及的，在当时出书很困难的年代，做《西北灾荒史》当然也有书比较容易出的考虑，而且灾荒史研究还能够结合我的数学特长，所以就做了这项研究。书写完以后，没想到照样难出，手稿一大提包，我提着跑了好几个出版社，都是要钱才能出，我没钱所以也出不了，最后是甘肃省出版局资助，在甘肃人民出版社出版了。为什么之后不再做这方面的研究了呢？从我个人来说，这本书出版以后我觉得灾荒史可做的余地不大了，因为史料就那么多，越往前推越少，而且这一部分史料还存在一些问题，我们见到的记载不仅有大量缺失，伪造也多，材料本身就有一些不可靠的内容，而这些问题许多是无法解决的。我认为，解决灾荒的根本途径在科学技术，不是历史研究，而且随着现代科学技术的进步，越来越多的灾害实际上已经解决了。从历史角度研究灾荒，最重要的还是要从社会发展的思路出发，探讨如何去抵御灾害，或者说有灾不至于成荒，这更多属于社会学的研究范畴，历史学在灾荒研究上可做的工作是很有限的。后来我看到很多的博士论文、硕士论文做某个朝代、某个省或是某个县的灾荒研究，很多还做了一些统计，其实这没有多大意义。做一些个案的研究倒是很有意义，大者如引发明末农民起义的大旱灾、民国十八年的西北旱灾，小者类似杨显惠先生作品中以口述形式记载的个人、家庭在灾荒年间的经历，这更多的是属于常规的历史研究。一个具体的灾荒造成了什么样的社会后果？怎样的社会结构使这个灾荒加重了？政府的行为是什么？政府行为产生了怎样的结果？由此使我们对这个社会有了深入的了解。

不只是灾荒史的研究，实际上博士读完以后，我从先秦史转到了经济史，因为对数学和计算机一直很有兴趣，后来又转到了古籍数字化方面，甚至有一段时间兴趣在哲学上，还出了一本书。我经常对学生们说，我不是你们学习的榜样，现在的研究注重在某一个领域的深耕，而我是有兴趣就做，没有兴趣就不做，人这一辈子还是要做自己喜欢的事情，不喜欢做的事情就不要去做了。其实这种风格也不是我独有的，我大学毕业后作为赵俪生先生的助教得以留校，赵先生就是这种跟着兴趣走的人，我的行为可能也是受了他的影响。

闵祥鹏：其实我是比较认同数理分析的，但是我认为这种分析得出来的结论应当偏重于社会问题，比如说灾异思想的变化、社会的关注度等，而不是转向自然规律的把握上，不知道您怎么看待这个问题？

袁林：我同意这种观点，我们做历史研究应该关心的是历史，历史最终要关心的是什么？是社会的状况和社会的变迁，而社会是由人组成的。从历史学的角度来研究灾荒，从灾与荒这两个字来说，可能更需要关注的是荒，就是与人相关的部分。灾和自然变异是两码事，灾是和人联系在一起的自然变异，荒和人的关系更密切，有自然变异不一定成灾，有灾不一定成荒。一个社会怎么去应对已经发生的灾？怎么去预防和抵御灾？社会机制是什么？人又是以什么样的观念去看待灾害？这才是历史学应该更多关注的，这就是我刚才说要关注专题或个案研究的原因，这些内容只有在专题或个案的研究中才能充分反映出来。

当然，统计分析还是有意义的，它可以辅助科学技术的研究，竺可桢先生就是凭借史料的统计奠定了物候学的基础，不过对于历史学层面的研究来说，单纯统计分析意义有限。由于这个原因，在单纯历史学的范围之内，灾荒史研究如果想要继续进步，必须进一步明确自己的定位，界定清楚研究的范围。

闵祥鹏：您的《西北灾荒史》是做的区域灾害史研究，今后的区域灾害史研究是不是也应该从灾害特征出发，关注个案研究呢？

袁林：我对于个案研究的想法是这样的，它的范围大小和模式特点根据研究者的目的来确定。单纯说研究个案的话，个案太多了。史学研究目的不是为了写一篇论文，出一本著作，它对人要有切实的用处，一方面加深我们对历史的认识、对社会的认识、对人的认识，另一方面要切实解决某些具体的问题。个案的研究可以分为两种，或是从整个社会的宏观角度来观察灾荒个案，通过灾荒个案的研究形成对社会机制的认识，这就是通常所说的“由小见大”；或是为现实服务去研究灾荒，例如要修水坝，从史料记载中考察出历史上水位最大到达过多少，然后实地考察现在的水位，从而决定水坝的高度。这两种情况要分开，对于历史专业的研究来说，我更倾向于第一种方式，史学研究要着眼于对社会的认识。

现在史学好像距离社会越来越远，越来越被边缘化，研究的问题与社会几乎没什么关系，写出来的东西也没有人看，多少有点穷途末路的感觉，其主要原因在哪里呢？美国历史学会主席李德（Conyors Reed）在1949年讲过这样的话，“对于我们这一行中的大多数人来说，历史是一个生计问题”，“如果我们的答复导致纳税人得出历史并不能当做涂面包的黄油的结论，他也许就会决定：既然这样，让历史也不要供给历史学家以黄油和面包吧。”[1]我们做史学研究的人要给社会提供一些有价值的成果，不只是为社会发展提供建议，更重要的是要给人类提供一种认识历史、认识社会的方法，史学研究的目的是教会人们去正确地认识国家、认识民族、认识历史、认识社会。

闵祥鹏：就是说回到灾害史的研究当中，灾害史应该关注重大问题，例如灾害与文明演进的关系，或是灾害在政治、经济制度转折中的影响，或是王朝兴衰中的灾害因素。

袁林：从史学角度来说，研究灾荒要关注历史学本来要研究的那些内容，因为咱们通常说的历史实际上是一个狭义历史，讲的是人类所组成的社会的历史，并不包含自然的变迁史。灾荒史要研究的是社会和自然变异两者之间发生关系的那部分内容。

因此，史学意义上的灾荒史研究应当关注人怎样认识灾、怎样认识荒，怎样应对灾、怎样应对荒；社会又有怎样的机制，这个机制在应对灾荒的过程中又有哪些成功的经验、失败的教训，从灾荒中反映出来的社会结构是什么样子。不同的国家、不同的社会结构应对灾荒的方式是不一样的，通过我们的

---

〔1〕康尼尔·李德《历史学家的社会责任》，见张文杰等编译《现代西方历史哲学译文集》，上海译文出版社，1984年，第244、249页。

研究，从中反映出人们对待灾荒的不同认识，以及发现不同社会的应对策略。

后　记

20 世纪 90 年代是中国灾害史研究蓬勃兴起的初期，袁林教授恰恰在这一时期完成了《西北灾荒史》的著述，此后他逐步淡出了灾害史的研究领域，其中原因我一直倍感困惑。访谈中，袁教授对当前灾害史研究中面临的问题，侃侃而谈、直指其弊，我才猛然领悟，作为一位前辈学者，袁教授其实并未真正远离灾害史研究，他仍然保持着对灾害史研究的关注。

逃荒行

［清］郑燮

十日卖一儿，五日卖一妇。来日剩一身，茫茫即长路。
长路迂以远，关山杂豺虎。天荒虎不饥，盰人饲岩阻。
豺狼白昼出，诸村乱击鼓。嗟予皮发焦，骨断折腰膂。
见人目先瞪，得食咽反吐。不堪充虎饿，虎亦弃不取。
道旁见遗婴，怜拾置担釜。卖尽自家儿，反为他人抚。
路妇有同伴，怜而与之乳。咽咽怀中声，咿咿口中语。
似欲呼爷娘，言笑令人楚。千里山海关，万里辽阳戍。
严城啮夜星，村灯照秋浒。长桥浮水面，风号浪偏怒。
欲渡不敢撄，桥滑足无屦。前牵复后曳，一跌不复举。
过桥歇古庙，聒耳闻乡语。妇人叙亲姻，男儿说门户。
欢言夜不眠，似欲忘愁苦。未明复起行，霞光影踽踽。
边墙渐以南，黄沙浩无宇。或云薛白衣，征辽从此去。
或云隋炀皇，高丽拜雄武。初到若夙经，艰辛更谈古。
幸遇新主人，区脱与眠处。长犁开古碛，春田耕细雨。
字牧马牛羊，斜阳谷量数。身安心转悲，天南渺何许。
万事不可言，临风泪如注。

拾

西南少数民族地区灾害史料记载较少，如何能更好地展现历史上该地区灾害发生的状况、特点和规律，总结历史时期灾荒与社会、政治、经济、民族、文化、军事、环境等因素之间的密切关系，探讨灾害与环境的互动，研究民族地区的各类灾害与各民族生存发展的相互联系，是目前中国灾害史研究中最需要关注和思考的问题之一。

——周琼

受访学者：周琼教授

访谈时间：2018 年 3 月 26 日上午 10：00—12：00

访谈整理：赵玲、徐清

个人简介

周琼，1968 年 11 月生，云南姚安县人。云南大学特聘教授，首批东陆学者，中国环境史方向博士生导师。1990 年毕业于兰州大学历史系，2000 年、2005 年获云南大学历史系中国民族史专业硕士、博士学位，2006—2009 年在中国人民大学清史研究所博士后流动站工作。2009 年到云南大学工作至今。

研究方向：中国环境史、灾荒史、西南地方民族史、古籍文献整理、生态文明

走向边疆灾荒史的深处

——周琼教授访谈

导　言

周琼教授是我们此次访谈中的唯一女性学者，我与周教授从未谋面，但却经常听一些同行提到她所从事的西南边疆灾荒史与灾难口述史研究。此次访谈推荐委员会的专家们在推荐周琼教授时，着重强调了周琼教授特色鲜明的研究方向：利用田野调查和口述访谈研究边疆民族地区的灾荒史。我们也非常高兴借此机会深入了解周琼教授及其所从事的西南边疆灾荒史研究。

访谈记录

闵祥鹏：在早期中国灾害史研究中，很少有学者专门关注西南边疆的灾害问题，而且您之前主要从事民族史研究，是什么原因促使您将自己的研究方向转向灾害史？《清代云南瘴气与生态变迁研究》是您的代表性著作，能否介绍一下当时选题的原因，以及研究方法和研究思路？

周琼：在早期中国灾害史研究中，确实是很少有学者专门关注西南边疆的灾害问题。这其中有两方面的原因，一是中国的灾害史研究有一个“非意识”趋势，即灾害史学的研究，很少是带着研究者自己感兴趣的明确问题或是有前期独立思考后进行有问题意识的系统研究，并由此形成个人特色和独到领域；大部分研究者有意识地关注灾害频发区、受灾严重区和文献记载的王朝统治中心区，关注灾害的定义、灾害等级量化及其他相关理论的研究，或是围绕政府决策及关注点、社会热点灾害进行的研究，无意识地忽视或是遗忘了灾害史研究中非主流但却具有极大学术价值的问题及区域，尤其是边疆（边缘）地区的灾害史研究。因为边疆民族地区特殊的自然、地理、气候等原因，加上这些地区聚居人口较少，各民族传统灾害防御思想及方式较为多样，防灾救灾的互助行动比较积极、手段多元、思想主动，自然灾害发生后造成的损失及后果相较于中原人口密集区显得相对轻微，这使灾害时空范围的扩大和蔓延受到了相对的限制。在长时段的角度下，西南边疆地区的自然灾害问题虽然呈现出灾害频次多的特点，但受灾范围小、受灾群体相对有限，难以成为官民普遍关注的对象，也没有引发集中的学术关注。二是西南边疆民族地区灾害史料的汉文记载文献相对较少。西南边疆的灾害，发生时间、分布空间虽然有其不可避免的特殊性，但汉文史料的相关记载极少，明清以后才逐渐增多，但依旧不能支撑历史时期灾害的常规研究。即便很多灾情严重的自然灾害，也因史料的有限使得研究存在较大难度，更无法对西南灾害史进行系统、细致、深入的研究。这也是西南边疆的灾害研究者较少，研究成果不多的重要原因。但这并不是说西南边疆的灾害问题不值得重视，甚至可以忽略，相反，西南边疆民族地区的灾害研究，对现当代边疆民族地区灾害应对机制的建立及完善，对西南地区与东南亚、南亚的国际防灾减灾体系的建立，都有着特殊的价值及意义。尤其是西南边疆地区各少数民族在长期的灾害应对过程中，形成了一套尊重自然、利用自然和保护自然的灾害应对与防御体系，对现当代的防灾减灾制度建设及长远措施的制定具有极大的资鉴价值。因此，通过开展西南边疆灾害史的系统研究，挖掘西南边疆少数民族传统灾害文化和生态文化的积极内涵，对构建西南边疆防灾减灾体系意义重大。

我在硕士及博士阶段，跟随林超民先生学习中国民族史，主要进行西南地方民族史的研究。2000 年在进行博士论文选题时，因为林超民先生的引导及鼓励，选择了当时深受国际关注但国内尚未引起重视的环境史作为研究方向，力图研究西南地区民族与生态环境的互动关系。原本是想通过历史上西南地区汉文文献的梳理及少数民族文献的搜集，还原明清时期西南特别是云南生态环境变迁的历史全貌。在进行西南环境史相关资料的搜集及整理过程中，我广泛阅读了明清时期云南地区的奏章、诏令、方志、文集、笔记等古籍，从中发现了众多关于瘴气的记载，尤其在地方志和笔记、文集中，本地文人或是长期在瘴地旅居的官儒、文人和游客花费了大量笔墨记载瘴气，令我对瘴气不自觉地产生了好奇之心，关注之下，才发现历史文献研究者和现代医学研究者对瘴气的研究因角度不同存在着极大的分歧，甚至是不可调和的争议，公婆均有理、高下难辩驳，这更使我对特殊地理及生态环境下产生及存在的瘴气、瘴气病产生了浓厚兴趣。

搜集、阅读地方文献中大量对瘴气形态、颜色及存在环境的史料中反映的信息，使我对瘴气有了初步认知，加上自幼在云南楚雄彝族自治州姚安、大姚等民族地区成长、生活，耳濡目染了祖辈、父辈对地方环境状况及疾病的认知、防治方法，听到的诸多瘴气传闻及感知所形成的瘴气印象，基本上有了对云南瘴气的大致认知。但当带着问题去学习、接触了当代西方医学认为瘴气是疟疾的结论后，我发现地方文献及当地民族对瘴气的认知与西方医学对瘴气的认知及结论存在极大差距，有的差距及认知，可以用“匪夷所思”一词来形容。带着这种疑问，我开始了与研究瘴气的老师、走过瘴气区的老人、听过瘴气逸闻轶事的知识分子的多次访谈及交流，发现历史上的瘴气与人们认知中的瘴气确实存在着极大偏差，西医与中医的认知及结论也有不同。于是就开始广泛了解及研究中国古代中医古籍的瘴疟和当前研究成果对瘴气的定性及论点，发现当前研究成果多从疾病的角度出发去进行研究，而对很多具体的问题没有论述，例如瘴气到底是什么？瘴气有多少种？瘴气在中国境内的变迁过程及其与生态环境、疾病医疗等的内在联系到底是什么？“瘴”“瘴气”“瘴疠”在史籍中的记载是否与当前学者的研究是同一概念和内涵？

随着疑问的加深，我觉得很有必要进行专门的学理性研究及调查，还瘴气一个真实的面貌。于是与导师请教沟通，在复旦大学历史地理研究中心进修 GIS 项目的学习交流中还请教了葛剑雄、满志敏、张伟然等著名教授，在开始论文写作后不久，放弃了其他关于环境变迁章节内容的撰写，改成以瘴气及其环境研究作为西南环境变迁的切入点及主要线索，对瘴气和瘴域的变迁及其与生态环境、社会、政治、经济、文化、军事等的关系进行了探析。

在博士论文写作及资料梳理的过程中，深刻认识到环境与灾害具有极为密切的联系，特殊的环境变迁往往能引发灾害，任何灾害的发生都脱离不了特定的自然环境，灾害与环境应该是一对孪生姐妹，互为因果，如很多地方性疾病的流行与自然环境有密切关系，生态环境破坏也常常引发水土流失、滑坡、泥石流，物种引进及入侵引发各地区生态系统的失衡等问题。

研究历史时期西南地区普遍存在的各类自然灾害及其与环境变迁的关系，可以深化并推进西南环境史的研究。因此在论文写作中，就考虑加入“云南灾害与环境变迁”的章节，但在对灾荒史的研究状况做了初步了解后，发现中国灾荒史的研究已成体系，很多问题的研究已经很深入，尤其近现代灾荒史的研究更是成就卓著，不进行专门系统的学习研究，根本不可能深入揭示环境与灾害的互动关系。于是萌生了去中国人民大学清史研究所跟随灾荒史研究的开拓者和奠基人李文海先生学习灾荒史理论和方法的想法。这一想法得到了导师林超民先生和时任云南大学历史文化学院院长林文勋教授的支持和帮助，2006年我正式进入清史所博士后流动站，有幸成为李文海先生的学生，并参与到李文海先生、夏明方先生负责的《清史·灾赈志》的史料搜集整理及研究工作，确定了以乾隆朝的官赈作为博士后的研究方向。通过近三年的学习和研究，在李文海先生的指导下，在清史所灾荒史研究团队的帮助推动下，在个人兴趣及研究旨趣的促动下，自此结下了与灾荒史研究的缘分，对灾荒史有了更为系统、更为全面的认知，深刻认识到灾荒史研究的重要学术意义和社会现实价值，更坚定了从事灾荒史研究并将灾荒史与环境史的互动研究作为终生学术目标的决心。

2009年我回到云南大学工作，在领导和师友的关心和支持下，成立了西南环境史研究所，带领硕士及博士研究生开展环境史、灾荒史的研究，虽然力量薄弱，仍一直努力，坚持耕耘至今，不敢稍有懈怠。此间虽然困难重重，却得到了各地师友的善意支持及鼎力相助，不仅在学校人才教育及培养体系中开展了西南环境史及灾荒史的硕士、博士研究生培养，本科教学及相关的学术研究也逐年展开。同时，我还带领团队成员长期坚持进行环境史、灾荒史的省级项目、国家项目及国际合作项目的研究工作。研究所创办运营的西南环境史研究网、生态文明建设与研究网及其相应的微信公众号也在正常运营，得到学界同仁的鼓励及赞誉。这些年来取得的微不足道的成绩，都是源于各级领导及师友的帮助支持，也得益于研究所坚守、敬畏学术的一批批研究团队成员的相继不懈的付出，对这些珍贵的情谊，我们迄今怀着感恩之心，不敢稍忘。

这些个人学习的经历及感悟，根本谈不到能够有“启示”的水平及程度。如果要说有的话，我学习经历的最大启示，就是在不同的学习阶段得遇良师益友，并有幸得到不同老师的引导和各级领导的帮助、指导，这是人生最大的福分；而珍惜学习机会，认真踏实、全力以赴、用心用情地去做好自己的论题和研究，以恪尽本分且不辜负老师的培育目标，则是人生乐趣和毕生追求之所在。

至于灾荒史的研究方法，应该是仁者见仁、智者见智。我其实依然处于学习的过程中，对灾害史研究方法的把握，应该还谈不上有感悟和思考的程度——这个问题，也许二十年后才有资格来谈吧。仅就目前学习的感悟，灾荒史的研究，既有特殊性也有普遍性。灾荒史的研究，与民族环境史的研究方法有异曲同工之妙，我在一篇曾发表过的论文《环境史多学科研究法探微——以瘴气研究为例》(《思想战线》2012 年第 2 期)中有些浅薄的思考，虽然文章谈的是环境史的研究方法，但对灾害史研究也同样适用，很多研究方法、路径是相通的，灾害史的研究也需要在充分占有文献、考古资料的基础上，拓宽史料的来源及种类，不仅注重文字资料、实物资料，也要注重图像资料、语音资料、口述访谈及田野调查资料，把灾害放到更广阔的学科背景下，采用地理学、灾害学、大气科学、气象学、地质学、统计学、环境科学、医学、新闻学、生态学、海洋学等跨学科交叉的方法，运用跨学科的理论及其结论，才能对天文灾害、地质灾害、气象灾害、海洋灾害、生物灾害等进行更为系统、深入的研究。当然，在大数据云计算越来越广泛运用于学术研究的今天，灾害史的研究也不可能固守一隅，更不可能只是用传统的方法就能够胜任和完成的。而是需要在海量史料的基础上，从不同侧面、不同视角、不同高度去立体地看历史灾害，去探讨、对比不同时期的救灾实践及规章制度、具体措施，去看官方及民间的防灾减灾对策及文化传统，在更广阔、更宏大的思考场域中研究历史灾害、资鉴当代社会，发挥历史研究经世致用的功能。

谈到灾害史的研究思路，更是不敢班门弄斧。我在灾害史研究领域仅仅是初步学习及探讨，也只有一些初步的感悟，只能说说我的学习心得。目前，对灾害史从史实梳理、过程及后果的还原到防灾减灾救灾经验的总结，对灾等、灾种、灾区及灾害影响等，已经进行了不同层面的探讨及研究，成果已经非常丰硕了，也有了一定的理论研究基础。但从中国历史灾害的实际状况及现实需求来看，目前的研究还远远不够。比如，从不同历史时期灾害的自然环境、人文背景的梳理、关联性研究，到自然灾害及人为灾害、生态灾害的区分；从不同时代灾害救济的制度发展变迁及其社会效应的思考，到官方及民间救灾的措施及其存在形式、发展路径；从灾害后果、救灾效应的探讨，到灾害与社会治乱、文明兴衰的关系；从救灾物资的筹备和调运的统计、研究，及其对区域社会与生态环境的影响探讨，到不同强度的自然灾害与生态环境之间的互动关系；从传统的生态灾害的分类、辨析及其影响程度的探究，到生物灾害的类型、分布区域及其对生态屏障、生态安全的影响；从灾害的自然及生物承受度与应对度的思考到人类的受灾度及应对程度，从灾害历史小场景的探讨到理论的总结、提升与分析等等，都是一些需要进行更广泛、更深入及系统研究的命题，也是需要结合现实社会的灾害及防灾减灾救灾体系建设的需求，而进行更深广研究的命题。在一定程度上可以说，灾害从来不是一个新的研究命题，但也绝对不是一个即将老去的命题，它是一个具有持久生命力、常青且鲜活的课题。只要有人类存在，只要自然界的运动变化不停止、生态系统的演替不消亡，灾害及灾害史的研究，就永远是一个可以从不同视角及侧面切入的、充满了恒久魅力的研究命题，当然，这也应该是诞生无数个不同思路、不同研究视角及研究方法的选题，更是无数个需要国家从不同层面给予支持、资助的领域，还是无数个需要进行国际、区际交流及联合研究的项目。

闵祥鹏：我国历史上，一直重视中原及其周边的文本记录，对边疆地区则较少关注，而文本往往是灾害史研究的基础，但这一基础却是边疆灾害史研究中的短板，您在西南边疆灾害史的研究领域是通过怎样的方式来实现研究的突破呢？

周琼：类型及内容丰富多样的史料是灾害史研究得以顺利进行的基础。学界对边疆民族地区灾荒史研究的关注度总体上是比较薄弱的，西南地区灾荒史研究在学界一直处于边缘化的状态，史料的零碎及缺失无疑是不能深入进行的原因。与内地相比，边疆地区因其政治、经济、文化发展进程的稍缓，早期文献记录对灾害的关注度远不如中原地区集中和丰富。虽然元明以后，随着边疆民族地区的大规模开发，各类灾害得到一定程度的记录，近代以来随着交通、通信的迅猛发展，文献传承媒介及记载形式与内涵的日益丰富，灾害记录更为详细全面，但总体而言，离系统研究的实际需要还有很大距离。在灾害史研究中，“穷尽一切可能存在及使用的史料”无疑是研究的重要基础。尽管西南地区气候类型及地形地貌复杂多样，是自然灾害最频繁、种类最多的区域，中国历史上发生的大部分灾害，几乎都在西南地区发生过，但史料的缺失，给系统的学术研究工作的进行及展开留下了重重障碍及遗憾。但这很难说是边疆灾害史研究的短板，随着史料范围的不断扩大和新史料的不断发掘，边疆民族地区的历史研究领域及研究范式也在不断拓展，研究特色日渐鲜明。

虽然西南边疆灾害史研究的文本记录数量较少，也尚未被系统整理出来，但基于西南边疆的区位和气候、自然及环境条件、民族及其传统文化的特殊性，在西南边疆地区开展灾害史的研究，除却汉文文献资料以外，很多灾害尤其是近现代灾害史料的短缺，完全可以通过田野调查、口述访谈、实物资料、图像、影音、报刊、碑刻、家谱、考古资料和跨学科资料等方式搜集，形成更全面、丰富的研究资料库。

当然，搜集资料是西南边疆灾害史研究中的基础。这几年来，我们团队首先是全面搜集和整理了正史、地方志、档案、游记、笔记、文集、丛刊等汉文历史文献资料，以及近代以来政府的工作报告及相关的计划、报纸、期刊、档案、民族调查、外文科学考察、采集及游历等文献，其中涉及赈灾、仓储、农林水利建设、田粮税收、作物引进、疾病卫生等方面，很多文献资料包含了内容丰富、类型不同的西南民族地区灾害资料。

其次，田野调查和口述访谈是西南边疆灾害史研究的重要方法及资料搜集方式，这是弥补西南边疆灾害史史料短缺的重要方法，是搜集更为丰富的民间口传资料、实地采集资料、实物遗留资料的路径。进行长期的田野调查，通过口述访谈、实地考察，广泛搜集如水利、桥梁、房屋、河道等建筑遗迹，以及碑刻、饮食、服饰、工具等实物资料，能对西南地区的灾害状况及其历史演变情况、对西南少数民族的灾害应对方式进行实地考察取证，为更系统、深入的灾害史研究，提供非传统文献以外的证物。西南环境史研究所于2012—2013年在云南各地进行的西南山地环境调查及其研究报告、数据，1999—2007年、2009—2012年在云南各地围绕生态变迁、环境疾病及瘴气环境变迁进行了十余次田野调查，对云南各地的灾害类型及状况、防御和应对措施有了更直接、更直观形象的了解及把握，田野调查报告和相关资料也对西南边疆民族地区灾害史的研究起到了补充作用。

再次，搜集及翻译、整理少数民族文字遗留下来的灾害文献，也是研究西南边疆灾害史的重要文本来源。其中，少数民族谚语、诗歌、叙事长诗、创世神话、民族传说故事等内容中，包含了丰富的少数民族灾害记忆、防灾减灾的思想和技术，如果能将这些史料搜集和整合起来，结合其他史料进行系统研究，对于西南边疆民族地区灾害史研究的深入进行，必然大有裨益。

最后，搜集和分析不同学科的资料，对其中的史实加以考辨及取舍，是西南边疆灾害史研究深化和补充的重要路径。对同一个史料记载，从不同的视角进行解读，往往会得出不同的结论。搜集和分析跨学科的灾害资料，也会为灾害史的研究打开另一扇风景更迷人的窗户。如近代以来西南地区大量的气象学、地质学、生物学、宗教学、建筑学、民族学、人类学、灾害学等研究和科学考察及调查报告等，不同学科对灾害的科学分析资料及其应对方法，是更为丰富的另类灾害文本资料。

突破学科藩篱，就是当前西南边疆灾害史研究的主要任务。目前的研究主要局限于以行政区域为主的区域灾害史、单个灾种的灾害发生机制探讨等，但明显可以看出自然科学和人文社会科学的分野，不同学科仍旧坚守各自的藩篱，自说自话，未能很好地融合各自的理论与方法。注重自然科学和人文社会科学的结合，运用多元化的研究视角，是边疆和民族区域灾害史研究中值得尝试的方法，是探索和开拓中国灾害史研究理论与方法的重要路径。因此，作为区域灾害史研究的一部分，边疆灾害史研究是不能局限于行政区划或是自然地理空间区域的。"灾害"是一个兼具自然属性和社会属性的概念，对人类社会及其他生物、非生物等环境要素产生了剧烈的甚至是毁灭性的影响，为历朝历代所关注，也成为学术界研究的热点问题。灾害的研究，存在时段及区域的不平衡现象，尤其是边疆民族地区的灾害历史及其具体状况，更是缺乏关注及系统研究。西南少数民族地区灾害史料记载较少，如何能更好地展现历史上该地区灾害发生的状况、特点和规律，总结历史时期灾荒与社会、政治、经济、民族、文化、军事、环境等因素之间的密切关系，探讨灾害与环境的互动，研究民族地区的各类灾害与各民族生存发展的相互联系，是目前中国灾害史研究中最需要关注和思考的问题之一。

2010年8月20日至23日，中国灾害防御协会灾害史专业委员会、中国可持续发展研究会减灾专业委员会、中国人民大学清史研究所、云南大学历史系联合举办"'西南灾荒与民族社会变迁'暨第七届中国灾害史国际学术研讨会"，与会学者从多学科视角探讨西南灾荒与民族区域、社会变迁的内在联系，推动了西南灾荒史的进一步研究。不同学科领域专家的关注、参与及推动，无疑是西南边疆民族灾害史深入、系统研究的催化剂。

同时，西南边疆灾害史的研究应该在吸收和借鉴先前研究成果的基础上，从不同学科的视角关注灾害史体系的构建，努力开展灾害文化研究，充分挖掘西南少数民族优秀的灾害文化资料，在大数据平台上建立数据库，为更多更广泛的学术研究及政策制定服务，积极推进中国灾害史研究理论与方法的创新和突破，推进学术研究与现实需要相结合。

闵祥鹏：邓拓先生的《中国救荒史》出版已经80多年了，您如何看待邓拓先生研究的价值以及存在的问题？未来中国灾害史研究的方向与趋势又有哪些？

周琼：邓拓先生是中国灾荒史研究的开创者和奠基人，他的《中国救荒史》是中国灾害史研究的扛鼎之作，较为完整、全面、系统地梳理和研究了中国灾荒与救荒的历史，第一次将灾荒史引入到史学领域之中，从中国灾荒通史的视域出发，遵循人类的认识规律，宏观考察了中国历代灾荒记录、实况、成因、影响，探讨了历代防灾减灾思想的发展、以政府为主导的救荒政策的实施和救荒效果与荒政利弊等，以这些方面为基本框架，通过统计分析、分类比较等方法安排史实，进行实证，史学架构的轮廓清晰分明，成为灾害史在人文社会科学领域的代表性著作。同时，邓拓先生研究中国的救荒史，不仅关注到了人与自然的关系，更重要的是探讨灾荒中人与人的关系、社会经济结构及其矛盾变化对灾荒和救灾的影响，探索灾荒的社会成因，对救灾思想及荒政体系的研究有着启发意义。

我很同意目前很多学者对邓拓先生《中国救荒史》学术价值和历史作用的积极评价，如评价他运用统计学、计量学的方法对灾害发生频率进行统计和对比分析，开创了灾害史研究中多学科交叉之先河，建立了一套以马克思主义史观为指导的理论框架，“必须揭发历史上各阶段灾荒的一般性和特殊性，分析它的具体原因，借以探求防治的途径”[1]等灾害史研究的范式，直至今日仍旧有其广泛性和适用性，其存史鉴今的功能奠定了灾害史的理论体系和研究目的，成为后世中国灾害史研究绕不过去的奠基之作。同时，《中国救荒史》构筑了灾荒史的基本路径及学科体系，对以后的灾荒史研究有示范性的作用。

但是该书作为20世纪30年代的作品，难免因时代和信息交流等各种条件的限制，存在着一些不足。一是史料搜集方面存在缺漏，该书主要以正史为参考资料，一定程度上忽略了实录、奏折、文书、方志、文集、游记、碑刻等中的灾害资料。二是救荒政策多探讨官方赈济，忽略了民间社会力量参与的救济活动，对乡绅、地方组织等的赈济关注甚少。三是对历史灾荒的统计存在偏颇，无论是灾害范围的大小、灾害时间的长短、灾害等级的强弱，在该著作中都是以“次”为基本的统计单位，影响了历史灾害的深入分析和研究结论的科学性及准确性。四是原稿中“近代灾荒中新的社会因素”一部分在初版时略去，以致整部著作于民国灾荒史的状况未能尽言，由于众所周知的原因，后来亦未能对历史上救荒政策的重要经验教训和若干重要论点“进一步地加以探究”，也未能“展开来作充分的说明”。

自然科学与人文社会科学领域的多学科交叉的综合性研究已然成为中国灾害史研究发展的必然趋势。20世纪30年代以来，以邓拓、竺可桢为代表的人文社会科学和自然科学两大领域的学者奠定了灾害史研究的基础。随后，来自不同领域的学者将历史学、社会学、政治学、经济学等人文社会科学与气候学、地理学、生物学、灾害学、医学等自然科学的理论和方法结合起来，综合探讨历史上自然灾害与气候、地貌、河流、政

[1] 邓云特《中国救荒史·绪言》，商务印书馆，2011年，第6页。

治、经济、文化、社会之间的密切关系，初步建立了以现代科学为基础的灾害史理论框架。20世纪七八十年代以来，一大批从事气象、地理、水利、地震、历史、文献等学科的学者对中国历史时期的自然灾害资料进行了全面、系统地搜集和整理研究，并绘制成图集出版，其中尤以李文海先生开创的近代灾荒史研究的成就最为突出。21世纪以来，随着史料范围的扩大及类型的拓展，中国灾害史研究逐渐从史料研究转向理论研究、转向大数据及数据库的建设与研究。

从当前自然科学与人文科学的研究而言，仍旧是自说自话，虽互相借鉴，但效果甚微。自然科学领域的研究仍旧集中于灾害的自然性分析及研究，而忽视灾害的社会性探讨。而人文社会科学更有优势进行灾害史的纵深研究，从灾害的人文特性出发，借鉴自然科学的理论与方法，构建一套以现代科学为基础的新理论、新方法，拓宽研究视野、范围及路径。从当前灾害史研究范式的转化来看，对灾害环境要素的重视度甚少，其研究路径仍遵循邓拓先生的理论框架，研究成果缺少长时段研究、大区域研究、比较性研究、重大灾害案例研究。因此，在中国灾害种类及频次不断增加，在新的环境灾害不断涌现的趋势下，急需学科之间的交叉和融合，制定中国及国际性、跨区域的系统防灾减灾体系。

首先，应当拓宽中国灾害史的研究视野。中国灾害史研究侧重于古代和近代灾害史，就当代灾害史而言，历史学视角的研究成果甚少，大部分集中在灾害学、社会学、人类学、经济学、气象学、地理学等领域。自然科学领域的研究更为精细化，却忽视了灾害的人文特性，社会学、经济学、人类学等更好地弥补了这一缺漏，但缺少了整体性及宏观性，一般局限于某一区域，而又无法呈现出其研究的广泛性，典型灾害区域值得深入探讨，但却使区域灾害史研究固化，难以推进。中国灾害史应当突破传统灾害史的研究范式，运用整体史观。转变原本的以行政区划为单位的研究路径，从灾害的孕育环境、致灾因子、承灾体出发，掌握区域环境演变时空分异规律，分析各种致灾因子作用的对象，即人类及其活动所在的社会与各种资源的集合，建立全新的灾害理论研究框架，形成灾害史理论体系。

第二，无论是中国传统统治中心区的灾害史，还是边疆、民族灾害史的研究，最为急需的是在大数据前提下，构建灾害资料和信息数据库，抓紧时间抢救性地搜集、整理灾害文献，尤其是散落、流传在民间的灾害文化信息。从当前中国灾害史研究来看，其更多的资料侧重于正史、实录、档案、地方志等，对于新史料的发掘并未过多关注，许多文集、日记、笔记、报刊之中的资料触及较少，更忽略了口述资料、图像史料的搜集。人们对于灾害的认知和记忆的客观信息应是来自于当事人的访谈，但近现代灾害史研究缺乏口述资料的整理及运用，这一方面的资料更多地被人类学、民族学、社会学、新闻学所关注。灾害史研究应广泛搜集与挖掘正史、方志、实录、奏折等官方文献，文集、诗歌、游记等文人笔墨，碑刻、契约、家谱、村志、传说、口述等民间文献中的灾害记录。少数民族边疆区域还应关注少数民族文字记载的古籍文献资料，进行田野调查，重视灾害遗址、灾害记忆，以此来推动当代灾害史的研究。

第三，加强灾害史研究的现实服务功能，即应当加强灾害尤其是生态灾害的监测、修复、防御对策及措施的研究。随着经济贸易全球化、全球环境变化、人口增长、迅速城市化、土地退化、环境破坏等因素在灾害中的作用增加，环境灾害、城市灾害、生物入侵、海洋灾害、工程灾害等成为近年来日益凸显的灾害种类，这些灾害更多的是基于人类过度开发自然资源所导致，建立监测、预报机制，修复生态环境。当代灾害史研究应更多关注当前出现的新灾害尤其是人为原因引发的灾害或是那些处于变动及变异中的灾害，关注并警惕很难预测及控制的生物灾害的研究及预警机制的建立，对生态灾难进行特别关注及研究，通过梳理、总结历史灾害的发展变迁历程、历代防灾减灾的经验教训，寻找当代最恰当的防灾减灾路径。

第四，在全球化及中国学术研究日益强烈的国际化驱使下，在“一带一路”建设中，运用中国灾害史及灾害应对的相关数据及研究成果、理论和方法，推进国际化灾害史的研究与合作交流，建立国际性、大区域性的防灾减灾体系研究机制及团队培养，尤其是建立国际化的灾害监测和防御系统的学术研究及调研。

此外，在边疆民族地区的灾害史研究中，还应该进行跨国境的防灾减灾体系建设和合作机制的研究，进行示范点的研究及跟踪调研，更好地发挥中国在国际防灾减灾建设事业中的引领和推进作用。

后　记

虽然这是与周琼教授的第一次交流，但周教授是一位善于沟通的学者，她非常耐心细致地解答了我提出的问题。在我的记忆里，周琼教授应是此次系列访谈中交流时间最长的学者之一。虽然我主要从事中古灾害史研究，但与周琼教授一样面临着史料短缺等诸多问题，周教授从自己的研究出发，谈了许多田野调查与口述访谈的具体例证，让我备受启发。“彩云见于南中”，周琼教授即使远在彩云之南，仍执着耕耘一片属于自己的学术沃土。

赈粥行

［清］黄任

今年米价高，乃自二月始。其时东作人，尚未及耘耔。
绠短井水深，辘轳接不起。展转七八旬，十室滨九死。
苟活始自今，登场十日耳。相传此十日，艰苦更无比。
譬彼行路人，九十半百里。一春发仓廪，贱价实倍蓰。
奈今已悬罄，一钱亦坐视。苏我三阅月，难免须臾毙。
此语痛至隐，使我抱愧鄙。急令煮饘粥，欢呼遍村市。
其日正赤午，千百若聚蚁。大半老羸多，肩摩足跛倚。
叟叟与浮浮，津津干颊齿。长吏未朝餐，先汝尝旨否。
次乃恣蚕食，流歠等波靡。痴妪强其儿，不肯辍箸匕。
老翁不量腹，哽咽颡有泚。佥曰伤饥肠，徐徐乃可尔。
明发当复来，渐渐平疮痏。挥之不即去，不去察其旨。
问官赈几日，好共妻儿止。官卑俸钱薄，能办几斛米。
官云汝无虑，瓶罄罍之耻。计较两岁禄，兼旬供食指。
亦有懿德士，告乏助为理。待汝刈获声，此举我乃已。
东郊一以眺，坚好惟穈芑。望岁如望梅，额蹙变色喜。
归衔持箪瓢，余沥饱稚子。

附录一　受访学者代表性论著

陈业新

一　学术著作

《儒家生态意识与中国古代环境保护研究》（独著），上海交通大学出版社，2012 年。

《明至民国时期皖北地区灾害环境与社会应对研究》（独著），上海人民出版社，2008 年。

《灾害与两汉社会研究》（独著），上海人民出版社，2004 年。

二　主要论文

《〈周易〉“王用三驱”阐说的学术史考察》，《安徽师范大学学报》（人文社会科学版）2018 年第 6 期。

《历史时期荒政成效评估的思考与探索——以明代凤阳府的官赈为例》，《学术界》2018 年第 7 期。

《“成礼三驱”：汉唐时期“三驱”礼衍变述论——以蒐狩礼的建设为线索》，《社会科学》2017 年第 3 期。

《1960 年代以来有关水旱灾害史料等级化工作进展及其述评》，《社会科学动态》2017 年第 2 期。

《阻源与占垦：明清时期芍陂水利生态及其治理研究》，《江汉论坛》2016 年第 2 期。

《深化灾害史研究》，《上海交通大学学报》（哲学社会科学版）2015年第1期。

《历史时期芍陂水源变迁的初步考察》，《安徽史学》2013年第6期。

《中国历史时期的环境变迁及其原因初探》，《江汉论坛》2012年第10期。

《道光二十一年豫皖黄泛之灾与社会应对研究》，《清史研究》2011年第2期。

《明清时期皖北地区灾害环境与社会变迁——以文武举士的变化为例》，《江汉论坛》2011年第1期。

《儒家天人"合一"思想探析——以"人与自然"关系的认识为对象》，《孔子研究》2009年第4期。

《清代皖北地区洪涝灾害初步研究——兼及历史洪涝灾害等级划分的问题》，《中国历史地理论丛》2009年第2辑。

《明代国家的劝分政策与民间捐输——以凤阳府为对象》，《学术月刊》2008年第8期。

《明代凤阳府灾后税粮折色初探》，《中国农史》2008年第2期。

《明清时期皖北地区健讼风习探析》，《安徽史学》2008年第3期。

《明至民国时期皖北地区呰窳风习探析》，《社会科学》2008年第3期。

《民国时期民生状况研究——以皖北地区为对象》，《上海交通大学学报》（哲学社会科学版）2008年第1期。

《儒家生态意识特征论略》，《史学理论研究》2007年第3期。

《1931年淮河流域水灾及其影响研究——以皖北地区为对

象》,《安徽史学》2007 年第 2 期。

《战国秦汉时期长江中游地区气候状况研究》,《中国历史地理论丛》2007 年第 1 期。

《是“天人相分”，还是“天人合一”——〈荀子〉天人关系论再考察》,《上海交通大学学报》(哲学社会科学版) 2006 年第 5 期。

《两汉荒政思想探析》,《湖北大学学报》(哲学社会科学版) 2006 年第 1 期。

《近五百年来淮河中游地区蝗灾初探》,《中国历史地理论丛》2005 年第 2 期。

《近些年来关于儒家“天人合一”思想研究述评——以“人与自然”关系的认识为对象》,《上海交通大学学报》(哲学社会科学版) 2005 年第 2 期。

《秦汉政府行为与生态》,《淮南师范学院学报》2004 年第 4 期。

《西汉元帝建昭四年“雨雪”辨析》,《中国历史地理论丛》2003 年第 2 期。

《两〈汉书〉“五行志”关于自然灾害的记载与认识》,《史学史研究》2002 年第 3 期。

《两汉气候状况的历史学再考察》,《历史研究》2002 年第 4 期。

《两汉荒政特点探析》,《史学月刊》2002 年第 8 期。

《秦汉时期生态思想探析》,《中国史研究》2001 年第 1 期。

《秦汉时期北方生态与民俗文化》,《社会科学辑刊》2001 年第 1 期。

《秦汉时期巴楚地区生态与民俗》,《江汉论坛》2000 年第 11 期。

卜风贤

一　学术著作

《历史灾荒研究的义界与例证》（独著），中国社会科学出版社，2018 年。

《农业灾荒论》（独著），中国农业出版社，2006 年。

《周秦汉晋时期农业灾害和农业减灾方略研究》（独著），中国社会科学出版社，2006 年。

《农业灾害学》（合著），陕西科技出版社，1999 年。

二　主要论文

《历史灾害研究中的若干前沿问题》，《中国史研究动态》2017 年第 6 期。

《西汉时期的水患与人水关系：基于陈持弓事件的初步考察》，《中国农史》2016 年第 6 期。

《雾霾的历史观照与现实关注——基于毒理学史的霾态问题思考》，《气象与减灾研究》2016 年第 1 期。

《樊迟问稼故事所见先秦儒农关系》，《中国农史》2015 年第 6 期。

《两汉时期关中地区的灾害变化与灾荒关系》，《中国农史》2014 年第 6 期。

《我国历史农业灾害信息化资源开发与利用》，《气象与减灾研究》2011 年第 4 期。

《简谈中国古代的抗灾救荒》，《中国减灾》2011 年第 5 期。

《灾民生活史：基于中西社会的初步考察》，《古今农业》2010 年第 4 期。

《中西方灾荒史：频度及影响之比较》，《经济—社会史评论》（第二辑），2009 年。

《中国古代灾荒防治思想考辨》，《中国减灾》2008 年第 11 期。

《西汉时期西北地区农业开发的自然灾害背景》，《干旱区资源与环境》2008 年第 10 期。

《农业技术进步对中西方历史灾荒的影响》，《自然杂志》2007 年第 5 期。

《中西方历史灾荒成因比较研究》，《古今农业》2007 年第 3 期。

《中国传统农业灾害观的早期形态》，《天津社会科学》2006 年第 1 期。

《中国古代的灾荒理念》，《史学理论研究》2005 年第 3 期。

《中国古代救荒书的传承和发展》，《古今农业》2004 年第 2 期。

《周秦两汉时期农业灾害时空分布研究》，《地理科学》2002 年第 4 期。

《魏晋时期社会环境变化对农业灾害发生发展的影响》，《西北农林科技大学学报》（社会科学版）2001 年第 4 期。

《中国农业灾害史研究综论》，《中国史研究动态》2001 年第 2 期。

《科技减灾与现代农业发展》，《农业考古》2000 年第 1 期。

《农业灾害史研究中的几个问题》，《农业考古》1999 年第 3 期。

《农业灾害学学科建设构想》，《灾害学》1998 年第 1 期。

《中国农业灾害史料灾度等级量化方法研究》，《中国农史》1996 年第 4 期。

《灾害分类体系研究》，《灾害学》1996 年第 1 期。

余新忠

一 学术著作

《清代卫生防疫机制及其近代演变》（独著），北京师范大学出版社，2016年。

《医疗、社会与文化读本》（合编），北京大学出版社，2013年。

《清以来的疾病、医疗和卫生：以社会文化史为视角的探索》（主编），生活·读书·新知三联书店，2009年。

《瘟疫下的社会拯救——中国近世重大疫情与社会反应研究》（合著），中国书店，2004年。

《清代江南的瘟疫与社会：一项医疗社会史的研究》（独著），中国人民大学出版社，2003年（修订版，北京师范大学出版社，2014年）。

二 主要论文

《融通内外：跨学科视野下的中医知识史研究刍议》，《齐鲁学刊》2018年第5期。

《医学与社会文化之间——百年来清代医疗史研究述评》，《华中师范大学学报》（人文社会科学版）2017年第3期。

《真实与建构：20世纪中国的疫病与公共卫生鸟瞰》，《安徽大学学报》（哲学社会科学版）2015年第5期。

《当今中国医疗史研究的问题与前景》，《历史研究》2015年第2期。

《新文化史视野下的史料探论》，《历史研究》2014年第6期。

《浅议生态史研究中的文化维度——基于疾病与健康议题

的思考》,《史学理论研究》2014年第2期。

《文化史视野下的中国灾荒研究刍议》,《史学月刊》2014年第4期。

《清代城市水环境问题探析：兼论相关史料的解读与运用》,《历史研究》2013年第6期。

《医疗史研究中的生态视角刍议》,《人文杂志》2013年第10期。

《回到人间 聚焦健康——新世纪中国医疗史研究刍议》,《历史教学》(下半月刊)2012年第11期。

《复杂性与现代性：晚清检疫机制引建中的社会反应》,《近代史研究》2012年第2期。

《晚清的卫生行政与近代身体的形成——以卫生防疫为中心》,《清史研究》2011年第3期。

《卫生何为——中国近世的卫生史研究》,《史学理论研究》2011年第3期。

《"良医良相"说源流考论——兼论宋至清医生的社会地位》,《天津社会科学》2011年第4期。

《历史情境与现实关怀——我与中国近世卫生史研究》,《安徽史学》2011年第4期。

《扬州"名医"李炳的医疗生涯及其历史记忆——兼论清代医生医名的获取与流传》,《社会科学》2011年第3期。

《卫生史与环境史——以中国近世历史为中心的思考》,《南开学报》(哲学社会科学版)2009年第2期。

《从避疫到防疫：晚清因应疫病观念的演变》,《华中师范大学学报》(人文社会科学版)2008年第2期。

《另类的医疗史书写——评杨念群著〈再造"病人"〉》,《近代史研究》2007年第6期。

《清代江南的卫生观念与行为及其近代变迁初探——以环境和用水卫生为中心》,《清史研究》2006年第2期。

《大疫探论:以乾隆丙子江南大疫为例》,《江海学刊》2005年第4期。

《中国疾病、医疗史探索的过去、现实与可能》,《历史研究》2003年第4期。

《清代江南种痘事业探论》,《清史研究》2003年第2期。

《20世纪以来明清疾疫史研究述评》,《中国史研究动态》2002年第10期。

《咸同之际江南瘟疫探略——兼论战争与瘟疫之关系》,《近代史研究》2002年第5期。

《清代江南疫病救疗事业探析——论清代国家与社会对瘟疫的反应》,《历史研究》2001年第6期。

《嘉道之际江南大疫的前前后后——基于近世社会变迁的考察》,《清史研究》2001年第2期。

《烂喉痧出现年代初探》,《中华医史杂志》2001年第2期。

《清代江南瘟疫对人口之影响初探》,《中国人口科学》2001年第2期。

《清前期浙西北基层社会精英的晋身途径与社会流动》,《南开学报》2000年第4期。

《道光三年苏州大水及各方之救济——道光时期国家、官府和社会的一个侧面》,《中国社会历史评论》第1卷,天津古籍出版社,1999年。

《1980年以来国内明清社会救济史研究综述》,《中国史研究动态》1996年第9期。

《丰豫庄非潘氏宗族义庄》,《中国农史》1996年第2期。

朱　浒

一　学术著作

《民胞物与：中国近代义赈（1876—1912）》（独著），人民出版社，2012年。

《中国荒政书集成（全12册）》（合编），天津古籍出版社，2010年。

《地方性流动及其超越：晚清义赈与近代中国的新陈代谢》（独著），中国人民大学出版社，2006年。

二　主要论文

《中国灾害史研究的历程、取向及走向》，《北京大学学报》（哲学社会科学版）2018年第6期。

《晚清筹赈义演的兴起及其意义》，《史学月刊》2018年第8期。

《"求富"的契机：李鸿章与轮船招商局创办再研究》，《中国人民大学学报》2018年第4期。

《同治晚期直隶赈务与盛宣怀走向洋务之路》，《历史研究》2017年第6期。

《晚清史研究的"深翻"》，《史学月刊》2017年第8期。

《赈务对洋务的倾轧——"丁戊奇荒"与李鸿章之洋务事业的顿挫》，《近代史研究》2017年第4期。

《灾荒中的风雅：〈海宁州劝赈唱和诗〉的社会文化情境及其意涵》，《史学月刊》2015年第11期。

《名实之境："义赈"名称源起及其实践内容之演变》，《清史研究》2015年第2期。

《食为民天：清代备荒仓储的政策演变与结构转换》，《史学月刊》2014 年第 4 期。

《辛亥革命时期的江皖大水与华洋义赈会》,《清史研究》2013 年第 2 期。

《投靠还是扩张？——从甲午战后两湖灾赈看盛宣怀实业活动之新布局》,《近代史研究》2013 年第 1 期。

《"范式危机"凸显的认识误区——对柯文式"中国中心观"的实践性反思》,《社会科学研究》2011 年第 4 期。

《滚动交易：辛亥革命后盛宣怀的捐赈复产活动》,《近代史研究》2009 年第 4 期。

《从赈务到洋务：江南绅商在洋务企业中的崛起》,《清史研究》2009 年第 1 期。

《从插曲到序曲：河间赈务与盛宣怀洋务事业初期的转危为安》,《近代史研究》2008 年第 6 期。

《"丁戊奇荒"对江南的冲击及地方社会之反应——兼论光绪二年江南士绅苏北赈灾行动的性质》,《社会科学研究》2008 年第 1 期。

《地方系谱向国家场域的蔓延——1900—1901 年的陕西旱灾与义赈》,《清史研究》2006 年第 2 期。

《江南人在华北——从晚清义赈的兴起看地方史路径的空间局限》,《近代史研究》2005 年第 5 期。

《二十世纪清代灾荒史研究述评》,《清史研究》2003 年第 2 期。

郝 平

一 学术著作

《灾害与历史》（第一辑）（合编），商务印书馆，2018年。

《大地震与明清山西乡村社会变迁》（独著），人民出版社，2014年。

《丁戊奇荒：光绪初年山西灾荒与救济研究》（独著），北京大学出版社，2012年。

《多学科视野下的华北灾荒与社会变迁研究》（合编），北岳文艺出版社，2010年。

二 主要论文

《契约所见清代山西土地价格初探》，《福建论坛》（人文社会科学版）2018年第8期。

《晚清民国清徐县王氏家族分家析产初探》，《清华大学学报》（哲学社会科学版）2017年第4期。

《商业明信片及其史料价值——以20世纪二十年代山西寿阳谦瑞益商号为例》，《史学史研究》2017年第3期。

《太行、太岳革命根据地粮食危机及应对》，《安徽史学》2016年第6期。

《太行太岳革命根据地的医疗卫生建设与改造》，《福建论坛》（人文社会科学版）2016年第9期。

《抗战的山西与山西的抗战——论山西抗日战争史研究的历史、现实与趋势》，《福建论坛》（人文社会科学版）2015年第10期。

《晚清民国晋中地区社会经济生活初探——基于晋中地区契约文书的考察》，《山西大学学报》（哲学社会科学版）2014

年第4期。

《1928—1929年山西旱灾与救济略论》,《历史教学》(下半月刊)2013年第11期。

《明蒙军事冲突背景下山西关厢城修筑运动考论》,《史林》2013年第6期。

《嘉庆二十年平陆地震后的朝廷与地方官——以〈明清官藏地震档案〉为中心》,《社会科学战线》2013年第9期。

《嬗变与坚守:近代社会转型期晋中的民间宗教活动——以〈退想斋日记〉为中心》,《世界宗教研究》2012年第6期。

《"劫富济贫"与"保富安贫"——光绪初年大饥荒中山西官员救荒思想的分歧与争论》,《山西档案》2011年第6期。

《山西柳林县集体化时期梯田建设考察》,《当代中国史研究》2012年第2期。

《水土保持:大泉山典型的塑造》,《当代中国史研究》2011年第2期。

《从历史中的灾荒到灾荒中的历史——从社会史角度推进灾荒史研究》,《山西大学学报》(哲学社会科学版)2010年第1期。

《"丁戊奇荒"时期的山西粮价》,《史林》2008年第5期。

《传说、信仰与洪洞乡村社会——兼及大槐树移民的文化认同》,《历史档案》2006年第3期。

《山西"丁戊奇荒"的时限和地域》,《中国农史》2003年第2期。

《山西"丁戊奇荒"并发灾害述略》,《晋阳学刊》2003年第1期。

《山西"丁戊奇荒"的人口亡失情况》,《山西大学学报》(哲学社会科学版)2001年第6期。

马俊亚

一 学术著作

《区域社会发展与社会冲突比较研究：以江南淮北为中心（1680—1949）》（独著），南京大学出版社，2014 年。

《区域社会经济与社会生态》（独著），生活·读书·新知三联书店，2013 年。

《被牺牲的“局部”：淮北地区社会生态变迁研究（1680—1949）》（独著），北京大学出版社，2011 年（繁体版，台湾大学出版中心，2010 年）。

《混合与发展——江南地区传统社会经济的现代演变（1900—1950）》（独著），社会科学文献出版社，2003 年。

《规模经济与区域发展——近代江南地区企业经营现代化研究》（独著），南京大学出版社，1999 年。

二 主要论文

《文本意义与政治利益：历史阐释的边界》，《中国社会科学评价》2017 年第 3 期。

《用脚表述：20 世纪二三十年代中国乡村危机的另类叙事》，《文史哲》2016 年第 5 期。

《地区性社会差异与淮北的初夜权》，《北京师范大学学报》（社会科学版）2016 年第 4 期。

《史实的构建：历史真理与理性差序》，《历史研究》2016 年第 2 期。

《近代淮北粮食短缺与强势群体的社会控制》，《清华大学学报》（哲学社会科学版）2016 年第 2 期。

《恐惧重构与威权再塑：淮北“毛人水怪”历史背景研

究》,《南京大学学报》(哲学·人文科学·社会科学版)2013年第6期。

《20世纪二三十年代的乡村危机:事实与表述》,《史学月刊》2013年第11期。

《被妖魔化的群体——清中期江南基层社会中的“刁生劣监”》,《清华大学学报》(哲学社会科学版)2013年第6期。

《近代苏鲁地区的初夜权:社会分层与人格异变》,《文史哲》2013年第1期。

《治水政治与淮河下游地区的社会冲突(1579—1949)》,《淮阴师范学院学报》(哲学社会科学版)2011年第5期。

《从沃土到瘠壤:淮北经济史几个基本问题的再审视》,《清华大学学报》(哲学社会科学版)2011年第1期。

《近代淮北地主的势力与影响——以徐淮海圩寨为中心的考察》,《历史研究》2010年第1期。

《从武松到盗跖:近代淮北地区的暴力崇拜》,《清华大学学报》(哲学社会科学版)2009年第4期。

《难民申请书中的日军暴行与日据前期的南京社会经济(1937—1941)》,《抗日战争研究》2007年第1期。

《两淮盐业中的垄断经营与手工生产者的困境》,《华中师范大学学报》(人文社会科学版)2007年第1期。

《两淮盐业中的集团博弈与利益分配——张謇盐业改革的实践与困境》,《淮阴师范学院学报》(哲学社会科学版)2007年第1期。

《淮北盐业中的集团博弈与利益分配(1700—1932)——商人集团的寻租活动》,《清华大学学报》(哲学社会科学版)2007年第1期。

《20世纪前期长江中下游地区传统金融与乡村手工业的关

系》,《江汉论坛》2006 年第 10 期。

《两淮盐业中的集团博弈与利益分配（1700—1932）——国家机器的自利化》,《江海学刊》2006 年第 4 期。

《工业化与土布业：江苏近代农家经济结构的地区性演变》,《历史研究》2006 年第 3 期。

《国家服务调配与地区性社会生态的演变——评彭慕兰著〈腹地的构建——华北内地的国家、社会和经济（1853—1937）〉》,《历史研究》2005 年第 3 期。

《抗战时期江南农村经济的衰变》,《抗日战争研究》2003 年第 4 期。

《近代江南都市中的苏北人：地缘矛盾与社会分层》,《史学月刊》2003 年第 1 期。

《典当业与江南近代农村社会经济关系辨析》,《中国农史》2002 年第 4 期。

《近代江南地区劳动力市场层次与劳动力循环》,《中国经济史研究》2002 年第 3 期。

《混合与发展：中国近代社会形态和阶级结构辨析》,《南京大学学报》（哲学·人文科学·社会科学版）2002 年第 1 期。

《近代国内钱业市场的运营与农副产品贸易》,《近代史研究》2001 年第 2 期。

《中国近代城市劳动力市场社会关系辨析——以工人中的帮派为例》,《江苏社会科学》2000 年第 5 期。

《近代江南地区工业资本与土地积累关系辨析》,《史学月刊》1999 年第 6 期。

《近代江苏南部城市货币资本的积累及运行》,《江海学刊》1999 年第 1 期。

《近代江南地区机器修造业中的资本形态与阶级结构》,

《南京大学学报》(哲学·人文科学·社会科学版)1998年第3期。

《中国近代社会关系整合与工业者的属性》,《社会学研究》1998年第3期。

《近代无锡传统经济部门的运营与新式工业的发展》,《中国经济史研究》1998年第2期。

《近代江南地区工业资本与农村社会经济关系初探》,《中国农史》1998年第1期。

《中国传统商业与近代工业关系辨析》,《史学月刊》1997年第3期。

夏明方

一 学术著作

《灾害与历史》（第一辑）（合编），商务印书馆，2018年。

《民国赈灾史料三编》（主编），国家图书馆出版社，2017年。

《生态史研究》（第一辑）（合编），商务印书馆，2016年。

《中国荒政书集成》（全12册）（合编），天津古籍出版社，2010年。

《近世棘途：生态变迁中的中国现代化进程》（独著），中国人民大学出版社，2012年。

《历史的生态学解释：世界与中国》（新史学·第6卷）（主编），中华书局，2012年。

《天有凶年：清代灾荒与中国社会》（合编），生活·读书·新知三联书店，2007年。

《20世纪中国灾变图史》（上下册）（合编），福建教育出版社，2001年。

《民国时期自然灾害与乡村社会》（独著），中华书局，2000年。

《灾荒史话》（合著），社会科学文献出版社，2000年。

二 主要论文

《大数据与生态史：中国灾害史料整理与数据库建设》，《清史研究》2015年第2期。

《生态史观发凡——从沟口雄三〈中国的冲击〉看史学的生态化》，《中国人民大学学报》2013年第3期。

《真假亚当·斯密——从“没有分工的市场”看近世中国

乡村经济的变迁》,《近代史研究》2012 年第 5 期。

《近代中国研究的“后现代视野”概论》,《晋阳学刊》2012 年第 3 期。

《救荒活民：清末民初以前中国荒政书考论》,《清史研究》2010 年第 2 期。

《中国近代历史研究方法的新陈代谢》,《近代史研究》2010 年第 2 期。

《十八世纪中国的“思想现代性”——“中国中心观”主导下的清史研究反思之二》,《清史研究》2007 年第 3 期。

《一部没有“近代”的中国近代史——从“柯文三论”看“中国中心观”的内在逻辑及其困境》,《近代史研究》2007 年第 1 期。

《十八世纪中国的“现代性建构”——“中国中心观”主导下的清史研究反思》,《史林》2006 年第 6 期。

《中国灾害史研究的非人文化倾向》,《史学月刊》2004 年第 3 期。

《发展的幻象——近代华北农村农户收入状况与农民生活水平辨析》,《近代史研究》2002 年第 2 期。

《略论洋务派对传统灾异观的批判与利用》,《中州学刊》2002 年第 1 期。

《中国早期工业化阶段原始积累过程的灾害史分析——灾荒与洋务运动研究之二》,《清史研究》1999 年第 1 期。

《近代中国粮食生产与气候波动——兼评学术界关于中国近代农业生产力水平问题的争论》,《社会科学战线》1998 年第 4 期。

《邓拓与〈中国救荒史〉》,《中国社会工作》1998 年第 4 期。

《从清末灾害群发期看中国早期现代化的历史条件——灾荒与洋务运动研究之一》,《清史研究》1998 年第 1 期。

《清季“丁戊奇荒”的赈济及善后问题初探》,《近代史研究》1993 年第 2 期。

《也谈“丁戊奇荒”》,《清史研究》1992 年第 4 期。

方修琦

一 学术著作

《中国古地理——中国自然环境的形成》(合著)，科学出版社，2012年。

《全球变化》(合著)，高等教育出版社，2000年(第二版，2017年)。

二 主要论文

《中国自然地理当中的气候变化研究前沿进展》，《地理科学进展》2018年第1期。

《1939年海河流域洪涝灾害影响—响应的传递过程及其效应》，《灾害学》2018年第1期。

《气候变化影响区域文明发展演化的主要表现方式》，《地球科学进展》2017年第11期。

《中国历史时期气候变化对社会发展的影响》，《古地理学报》2017年第4期。

《1917年海河流域洪涝灾害的社会响应过程》，《灾害学》2017年第3期。

《冷暖—丰歉—饥荒—农民起义：基于粮食安全的历史气候变化影响在中国社会系统中的传递》，《中国科学：地球科学》2015年第6期。

《粮食安全视角下中国历史气候变化影响与响应的过程与机理》，《地理科学》2014年第11期。

《历史气候变化影响研究中的社会经济等级序列重建方法探讨》，《第四纪研究》2014年第6期。

《18—19世纪之交华北平原气候转冷的社会影响及其发生

机制》,《中国科学：地球科学》2013 年第 5 期。

《关于利用历史文献信息进行环境演变研究的几点看法》,《中国历史地理论丛》2007 年第 2 期。

《极端气候事件—移民开垦—政策管理的互动——1661—1680 年东北移民开垦对华北水旱灾的异地响应》,《中国科学：地球科学》2006 年第 7 期。

《从农业气候条件看我国北方原始农业的衰落与农牧交错带的形成》,《自然资源学报》1999 年第 3 期。

《论人地关系的异化与人地系统研究》,《人文地理》1996 年第 4 期。

《内蒙呼和浩特及邻区历史灾情序列的初步研究》,《干旱区资源与环境》1989 年第 3 期。

袁　林

一　学术著作

《两周土地制度新论》（独著），东北师范大学出版社，2000年。

《西北灾荒史》（独著），甘肃人民出版社，1994年。

二　主要论文

《中国传统史学的宗教职能及其对自身的影响》，《文史哲》2009年第4期。

《小农经济是战国秦汉商品经济繁盛的主要基础》，《兰州大学学报》（社会科学版）2008年第4期。

《西汉国家与私商的博弈》，《陕西师范大学学报》（哲学社会科学版）2008年第5期。

《论国家在中国古代社会经济结构中的地位和作用》，《陕西师范大学学报》（哲学社会科学版）2006年第6期。

《论"历史研究"——从统万城实地考察谈起》，《陕西师范大学学报》（哲学社会科学版）2005年第6期。

《中国古代"抑商"政策研究的几个问题》，《陕西师范大学学报》（哲学社会科学版）2004年第4期。

《陕西历史饥荒统计规律研究》，《陕西师范大学学报》（哲学社会科学版）2002年第5期。

《陕西历史水涝灾害发生规律研究》，《中国历史地理论丛》2002年第1期。

《汉籍数字化规范刍议》，《中国典籍与文化》2001年第4期。

《论前资本主义公社的本质特征》，《陕西师范大学学报》（哲学社会科学版）2001年第1期。

《所有制的起源与本质》,《兰州大学学报》(社会科学版)2000年第5期。

《“爰田(辕田)”新解》,《中国农史》1998年第3期。

《甘宁青历史旱灾发生规律研究》,《兰州大学学报》(社会科学版)1994年第2期。

《陕西历史旱灾发生规律研究》,《灾害学》1993年第4期。

《论原始社会的主要发展动因——兼评原始社会为“自然形成的社会”说》,《兰州大学学报》(社会科学版)1993年第2期。

《析“阡陌封埒”——同魏天安同志讨论》,《河南大学学报》(社会科学版)1992年第4期。

《秦“为田律”农田规划制度再释》,《历史研究》1992年第4期。

《析“更名民曰黔首”》,《兰州大学学报》(社会科学版)1992年第2期。

《〈管子〉、商鞅两大学派经济政策比较研究》,《管子学刊》1992年第1期。

《说“史”》,《兰州大学学报》(社会科学版)1991年第2期。

《〈管子〉商业思想的基调是抑商》,《中国经济史研究》1990年第1期。

《重农抑商政策的一种特殊形态——〈管子·侈靡篇〉经济思想试探》,《人文杂志》1989年第5期。

《战国授田制试论》,《社会科学》1983年第6期。

周　琼

一　学术著作

《云南省生态文明排头兵建设事件编年》(第一辑、第二辑)(合编)，科学出版社，2018年。

《道法自然：中国环境史研究的视角与路径》(主编)，中国社会科学出版社，2017年。

《屏障与安全：生态文明建设的区域实践与体系构建》(主编)，科学出版社，2017年。

《中国西南地区灾荒与社会变迁：第七届中国灾害史国际学术研讨会论文集》(合编)，云南大学出版社，2010年。

《清代云南瘴气与生态变迁研究》(独著)，中国社会科学出版社，2007年。

二　主要论文

《近代以来西南边疆地区新物种引进与生态管理研究》，《云南师范大学学报(哲学社会科学版)》2018年第5期。

《天下同治与底层认可：清代流民的收容与管理——兼论云南栖流所的设置及特点》，《云南社会科学》2017年第3期。

《中国环境史学科名称及起源再探讨——兼论全球环境整体观视野中的边疆环境史研究》，《思想战线》2017年第2期。

《定义、对象与案例：环境史基础问题再探讨》，《云南社会科学》2015年第3期。

《清前期的勘灾制度及实践》，《中国高校社会科学》2015年第3期。

《环境史视域中的生态边疆研究》，《思想战线》2015年第2期。

《环境史史料学刍论——以民族区域环境史研究为中心》，《西南大学学报》（社会科学版）2014年第6期。

《云南历史灾害及其记录特点》，《云南师范大学学报》（哲学社会科学版）2014年第6期。

《环境史视野下中国西南大旱成因刍论——基于云南本土研究者视角的思考》，《郑州大学学报》（哲学社会科学版）2014年第5期。

《清代赈灾制度的外化研究——以乾隆朝“勘不成灾”制度为例》，《西南民族大学学报》（人文社会科学版）2014年第1期。

《乾隆朝粥赈制度研究》，《清史研究》，2013年第4期。

《土司制度与民族生态环境之研究》，《原生态民族文化学刊》2012年第4期。

《环境史多学科研究法探微——以瘴气研究为例》，《思想战线》2012年第2期。

《乾隆朝“以工代赈”制度研究》，《清华大学学报》（哲学社会科学版）2011年第4期。

《“八景”文化的起源及其在边疆民族地区的发展——以云南“八景”文化为中心》，《清华大学学报》（哲学社会科学版）2009年第1期。

《清代云南内地化后果初探——以水利工程为中心的考察》，《江汉论坛》2008年第3期。

《清代云南生态环境与瘴气区域变迁初探》，《史学集刊》2008年第3期。

《清代云南澜沧江、元江、南盘江流域瘴气分布区初探》，《中国边疆史地研究》2008年第2期。

《清代云南“八景”与生态环境变迁初探》，《清史研究》

2008 年第 2 期。

《非文字史料与少数民族历史研究》,《郑州大学学报(哲学社会科学版)》2008 年第 1 期。

《清代云南瘴气环境初论》,《西南大学学报》(社会科学版)2007 年第 3 期。

《瘴:疫病史与病理学的透视——一种方法论的践行》,《中国图书评论》2007 年第 2 期。

《清代云南潞江流域瘴气分布区域初探》,《清史研究》2007 年第 2 期。

《明清滇志体例类目与云南社会环境变迁初探》,《楚雄师范学院学报》2006 年第 7 期。

《瘴气研究综述》,《中国史研究动态》2006 年第 5 期。

《明清时期中甸民族迁徙与融合初探》,《学术探索》2005 年第 2 期。

《从土官到缙绅——高其倬在云南的和平改土归流》,《中国边疆史地研究》2004 年第 3 期。

附录二　回归灾害本位与历史问题

1937年，25岁的邓拓先生在河南大学完成25万字的《中国救荒史》。时至今日，灾害史的系统性研究已走过了整整80年的发展历程。学者在史料搜集、灾情灾况、灾异观念、救灾方式等方面有了深入而扎实的成果。但从研究时段而言，灾害史的研究状况却出现分野，以唐作为分期，宋元明清的灾害史研究在借鉴环境史、社会史、文化史的研究思路下，开拓出新的研究领域[1]，也将灾害史研究带入新高度。唐及以前的中古灾害史却因史料局限，陷入程式化与碎片化的困局。基于文本的汉唐时期灾害史因史料局限，许多研究重复、延续或套用前辈学者的旧有模式，篇章结构大同小异，观点结论基本雷同。部分学者试图挖掘新史料进行案例分析，但新史料中的灾害记录大多琐碎、零散，与历史场景难以互补，只能作为对前贤论点的补充与点缀，不仅没有典型性和代表性，反而导致研究的碎片化。多数学者沿袭原有学科的思维模式，忽视了古今灾害之间话语体系、评价标准、历史背景的差异，将现代灾害学的概念、理论、方法等套用到研究中，导致概念混乱、结论

〔1〕余新忠《文化史视野下的中国灾荒研究刍议》,《史学月刊》2014年第4期；张萍《环境史视域下的疫病研究》,《青海民族研究》2014年第3期；夏明方《大数据与生态史：中国灾害史料整理与数据库建设》,《清史研究》2015年第2期。

错误。在未出现大量新史料的前提下，依靠大数据、新技术、长时段理论、整体史观、全球史视野等构架起的宏观灾害史研究固然重要，但从重大灾害事件与历史问题切入，通过基于灾害问题的区化与时段缀合、文本出发的深层次社会透视、多维度的层域内嵌等更新研究理念，回应灾害与王朝兴衰、文明演进、制度变迁等重大历史问题，更能彰显研究的历史意义与现实价值。

一　灾害史研究的程式化与碎片化反思

近年来，基于文本的中古灾害史研究在程式化与碎片化倾向下步入瓶颈期。如何摆脱中古灾害史研究的固有范式，开拓研究路径、彰显研究价值成为中古灾害史研究面临的重要问题。对中古灾害史研究的反思，是一种自我剖析，并非对之前各类通史、断代史、灾害专题以及区域灾害研究等论著的否定。因为正是基于前辈学者对中古灾害史的系统论述与史料考证，才有了当前深入研究的可能，才有了如何回归灾害特征与历史问题，从而推进灾害史研究的思考。当前以文本为对象的灾害史研究表现出以下倾向：

一是重复、延续或套用前辈学者的旧有模式。80 年前，邓拓先生在《中国救荒史》中按灾情总述、灾荒趋势与特征、灾荒成因、救荒思想、救荒政策等第一次对中国灾害的历史展开论述[1]，为灾害史研究提供了范式。 80 年后，多数灾害

[1] 邓拓先生从自然条件与社会因素两个方面论述灾荒之成因，自然条件包括气候变迁与地理环境，社会因素包括苛政、战争、技术落后；灾荒的影响包括社会变乱（人口之流移与死亡、农民之暴动、异族之侵入）、经济衰落（劳动力激减与土地、国民经济之破败）；历代救荒思想包括（转下页）

通史、断代史、区域史抑或灾害专题研究，其篇章布局依然沿袭邓拓先生80年前的旧有框架，灾情灾况多按水、旱、蝗、震等分类介绍；灾害成因大多分为自然因素与社会因素两类；救灾方式不外乎兴修水利、开仓赈济、减免赋税、开垦荒地等；灾异思想方面则是反复论述灾异天谴、阴阳失调等。这致使近年来的多数研究成果，除朝代、区域有别外，篇章结构大同小异，观点结论基本雷同。所谓的灾害次数统计与时空分析更是屡遭学界诟病，灾害史料的真实性亦遭到部分学者质疑[1]，这一问题在中古断代灾害史研究中尤为突出。

邓拓先生开创的研究范式，反而成为灾害史研究的束缚与枷锁，带来研究的固化。程式化的研究套路、类似的结论，让从事灾害史的研究者都不忍卒读，进而怀疑研究的必要性与价值。尤其在灾害与社会的互动研究中，“内容上落入模式化的窠臼，甚至是重复研究，现象的多样性、问题的复杂性和社会的多元性完全被模式化所吞没”[2]。近年来，部分学者逐渐淡出中古灾害史研究，转入史料更为丰富的宋元、明清灾害研究。

（接上页）天命主义之禳弭论、消极之救济论、积极之预防论，消极之救济论包括临灾治标之议（赈济议、调粟议、养恤议、除害议）、灾后补救之议（安辑议、蠲缓议、放贷议、节约议），积极之预防论包括改良社会条件之防灾说（重农说、仓储说）、改良自然条件之防灾说（水利说、林垦说）；历代救荒政策之实施包括巫术之救荒、历代消极之救荒政策、历代积极之救荒政策，历代消极之救荒政策包括临灾治标政策（赈济、调粟、养恤、除害）、灾后补救政策（安辑、蠲缓、放贷、节约），历代积极之救荒政策包括改良社会政策（重农政策、仓储政策）、改良自然条件政策（水利政策方面的灌溉事业、浚治工程，林垦政策方面的造林、垦荒）。参见邓云特《中国救荒史》，商务印书馆，2011年。

〔1〕葛剑雄《从历史地理看自然环境的变化》，《文汇报》2003年2月9日。

〔2〕陈业新《深化灾害史研究》，《上海交通大学学报》（哲学社会科学版）2015年第1期，第88页。

二是尝试、借鉴灾害史研究新方法。尤其是将环境史、社会史、文化史等引入中古灾害史的研究中[1]，极大地拓宽了中古灾害史研究的视野，成果具有一定的前瞻性。但当前也存在将灾害史的宏观把握改为微观介入与个案分析的倾向，意图从碑刻、墓志、文书中发现新史料，进行案例分析或解读，以期构建出灾害史研究的新范式。

宋元以后，方志、文书、契约、碑刻等为灾害与社会的多维透视、全景展现提供了可能，进而支撑了灾害社会史、灾害文化史的构建。但与宋元以后的研究相比，唐代以前的中古灾害史研究缺乏详尽、系统的史料，墓志、文书、碑刻中虽留存有部分灾害记载，但年代久远、叙述模糊，多数出土文献记录琐碎、史料零散，与历史场景难以形成互补，有些甚至是孤证。即便出现个别记载灾害事件的碑刻、文书等新史料，并复原了当时的灾害场景，也仅为个例，缺乏代表性。这些零星、琐碎的史料不仅不能动摇正史在中古灾害史研究中的决定性地位，反而需要大量正史记载加以佐证，自然无法“突破”前辈学者对该时期灾害的整体把握与基本结论，只是对前贤论点的补充与点缀。因此，在未能出现大量新材料的前提下，所谓中古灾害史研究的微观与个案研究，只是一种空想或碎片化研究，既无法开辟灾害史研究的新领域，也不可能根本改变中古灾害史研究的窘境，反而降低了灾害史研究的历史意义与现实价值。

---

〔1〕王文涛《东汉洛阳灾害记载的社会史考察》,《中国史研究》2010年第1期；孙英刚《佛教对阴阳灾异说的化解：以地震与武周革命为中心》,《史林》2013年第6期；孙正军《中古良吏书写的两种模式》,《历史研究》2014年第3期；夏炎《环境史视野下“飞蝗避境”的史实建构》,《社会科学战线》2015年第3期。

灾害史研究中的程式化与碎片化，与研究者原有的学科思维有着紧密联系。一方面，灾害史是人文科学与自然科学交叉的跨学科研究。部分历史、地理学者往往从历史研究的定式出发，习惯对灾害进行断代研究或区域研究，在研究中先按主观意愿划定研究区域与时段。但部分灾害的发生有其自然属性，发生时间与受灾范围具有一定的随意性与不可重复性，绝不会依照人为划定的区域或论著中设定的时间按时出现。所以，将灾害限定在一定政区与固定时间内的研究，往往割裂了灾害发生的时间与空间的整体性。另一方面，灾害首先是指对人和社会造成的损失[1]，不涉及人类的水、旱、蝗、地震只是自然现象，而不是自然灾害。但部分自然灾害的研究者却过于强调灾害发生的气候、地质、地貌等因素，忽视了历史背景下的灾害制度、社会控制、应对机制与预防措施等人为因素，出现了灾害史研究中的“非人文化倾向”[2]，不仅无法客观把握与全景展现灾害发生的深层次原因与复杂社会矛盾，个别结论反而陷入环境决定论的泥潭。以上学科思维的惯式，同样也会带来研究的片段化与结论的片面化。

---

〔1〕灾害史研究应首先理清自然灾害与自然现象的区别，葛剑雄先生曾质疑灾害记录可能漏记，他认为同样的灾害如果发生在首都附近经济文化发达的地方、人烟稠密的地方，引起的社会影响要比那些人烟稀少的地方、经济文化落后的地方大得多。以地震为例，若西藏“当地人烟稀少，没有什么影响”的地方发生七级地震，现代监测可以报道，但古代却是无人记载。葛剑雄《从历史地理看自然环境的变化》,《文汇报》2003 年 2 月 9 日。邹逸麟先生则指出：“所谓灾害，是指当自然界的变异对人类社会造成不可承受的损失时，才称之为灾害。干旱、洪涝、地震、海啸，如果发生在荒无人烟的地区，也就不称其为灾害。”参见复旦大学历史地理中心主编《自然灾害与中国社会结构》，复旦大学出版社，2001 年，第 1 页。

〔2〕夏明方《中国灾害史研究的非人文化倾向》,《史学月刊》2004 年第 3 期，第 16 页。

二 灾害文本的社会与历史语境

灾害史的研究基础主要是历代记录的文本，现代灾害学的资料则源自科学严谨的数据，所以古代灾害史与现代灾害学根本是两套话语体系。基于文本的灾害史研究，必须“将史料放在具体的语境中来加以分析，通过理清历史情境中的复杂关联来探究作为文本的史料的字面和背后（文本幽暗处）的意涵”[1]。例如，古代“灾害”与现代“灾害”的内涵与外延彼此之间有所交叉，但两者绝非同一概念。从先秦甲骨文所见之“灾”，汉代儒学中的“灾异”之分，到魏晋隋唐佛道所言的“三灾”之说；再从正史中的灾害书写到民间的灾害观念，不同时代、人群对灾害的理解各异[2]，这就是诠释学中所提到的间距化。所以，古代的灾害界定并非固定，而是随着人类社会的发展与认知能力的提升而不断变化。与之相比，现代灾害学中的灾害概念却有着相对严格的范围。古代文本记录也有局限性，像类似抚仙湖水下遗址的受灾详情，史料记载就不甚明了，这就需要考古的进一步证实。

基于古今灾害书写详略，认知体系、评价标准的差异，古人笔下的灾害史料只是特殊时代背景与独特认知的映射，并不是在现代灾害学的指标、体系、框架下的科学记录。它只适合分析古代的灾害认知、救灾制度、防灾举措等社会性问题，不适合探讨灾害的发生机理、演变规律等自然属性。当前部分学者希望通过现代灾害学方法对中古灾害史料划分等级、强度、

---

〔1〕余新忠《新文化史视野下的史料探论》，《历史研究》2014年第6期，第54页。

〔2〕闵祥鹏《历史语境中“灾害”界定的流变》，《西南民族大学学报》（人文社科版）2015年第10期，第14—16页。

烈度等，从中探求灾害发生的自然规律，这一方法是值得商榷的。毕竟，科学研究只能建立在科学记录基础上，史料本身就没有按现代标准记录，又怎么可能通过现代科学方法分析其自然属性？从研究的基本逻辑而言，也是南辕北辙、缘木求鱼。

G. R. 埃尔顿曾说过："与缺乏证据以及细节错误相比较，预先形成的概念是对历史真理的更大威胁。"〔1〕但21世纪之前部分学者却忽视了这一点。比如在对我国历史时期干湿状况做分析的过程中，由旱涝史料推及干湿状况的研究方法曾被学者所接受，且被视为最重要、最基础的论据。〔2〕这种研究方法虽然体现了对历史文献的重视和挖掘，却忽视了干旱与旱灾是两

〔1〕 G. R. 埃尔顿著，刘耀辉译《历史学的实践》，北京大学出版社，2008年，第30页。

〔2〕 利用旱涝、霜雪等灾害史料分析历史气候干湿冷暖变化是21世纪之前许多学者较为重视的方法。当前学者主要采用物候、年轮、冰芯、湖泊沉积、珊瑚沉积、黄土、深海岩芯、孢粉、古土壤和沉积岩等方法，灾害史料只能作为辅助材料，与地质、物候等学科配合方能加强研究的准确性。竺可桢《中国历史上气候之变迁》，《竺可桢文集》，科学出版社，1979年，第58—59页；Chiaomin Hsieh, "Chu K'o-chen and China's Climatic Changes", *The Geographic Journal*, 1976, vol.142, no. 2, pp. 248-256; Manfred Domros and Peng Gongping, *The Climate of China*, Berlin, DE: Springer, 1988; Raymond S. Bradley and Philip D. Jones, eds., *Climate since a. d. 1500*, New York, NY: Routledge, 1992; Zhang Jiacheng and Lin Zhiguang, *Climate of China*, New York, NY: Wiley, 1992；满志敏《唐代气候冷暖分期及各期气候冷暖特征的研究》，《历史地理》1990年第8辑；满志敏《关于唐代气候冷暖问题的讨论》，《第四纪研究》1998年第1期；朱士光等《历史时期关中地区气候变化的初步研究》，《第四纪研究》1998年第1期；吴宏岐等《隋唐时期气候冷暖特征与气候波动》，《第四纪研究》1998年第1期；费杰、侯甬坚等《基于黄土高原南部地区历史文献记录的唐代气候冷暖波动特征研究》，《中国历史地理论丛》2001年第4期；葛全胜、郑景云、满志敏、方修琦、张丕远《过去2000年中国温度变化的几个问题》，《第四纪研究》2002年第2期；满志敏《中国历史时期气候变化研究》，山东教育出版社，2009年；葛全胜《中国历朝气候变化》，科学出版社，2011年。

个概念。干旱受气候单一因素制约，旱灾的最终出现却与干旱气候、土壤墒情、水利灌溉设施兴废、农作物种植面积、政府与民间的救助等多种因素相关。古人记录旱情主因是农业生产，而非气候干旱，在一些灌溉设施修筑较好的地区，即便气候干旱也未必会发生旱灾；而现代衡量气候干湿需依靠降水量、湿度等具体指标，所以通过旱涝史料推及干湿状况的研究方法并不完全恰当。有学者曾通过对 3 万条史料（主要是旱涝灾害史料）定级、分类、统计，得出 501—700 年华北地区湿润，长江以南偏干，而 701—900 年长江下游与东南沿海偏干的结论。〔1〕按照我国干湿规律，华北不可能比华南更湿，而东南也不可能比华北更干〔2〕，这不仅与当今我国干湿状况截然相反，更与自南向北降雨逐渐减少的自然规律矛盾。8 世纪之前，我国农耕区主要在北方，正史中的雨涝灾害记载北方远远多于淮南、江南等南方地区，按照涝灾就是湿润气候的逻辑，往往会产生北方较南方湿润的假象。8 世纪之后，农耕区与经济重心南移，江南旱灾记录高于河北、河东、河南等北方地区，也似乎可以推出江南偏干的结论。所以，忽视灾害的社会属性，将旱涝灾害直接视为干湿气候，确实可以得出与基本常识相悖的结论。但实际上，8 世纪以前，华北水灾确实多于东南；8 世纪以后，东南地区旱灾也是多于华北，这是安史之乱前后南北农耕经济区变迁、唐代经济重心南移这一历史大背景的产物。对唐代这样一个处于经济重心变迁的朝代，除关内、河南外，其他地区（河北道、江南道、淮南道、陇右道、岭南道等

〔1〕郑景云、张丕远、葛全胜、满志敏《过去 2000a 中国东部干湿分异的百年际变化》,《自然科学进展》2001 年 11 期，第 69 页。

〔2〕《中国年降水量图》《中国干燥度》，中国地图出版社编制《中国自然地理图集》，中国地图出版社，1998 年，第 40、44 页。

地区）的旱涝灾害，与经济开发、人口迁移、水利设施修筑等社会因素紧密相连，而非干湿气候的剧烈变化。[1]以岭南为例，有唐一代水灾记录不足十条，远不及关中、河南、河北、江南、淮南等政治、经济的中心区，难道能推出关中、河南等地区比岭南更湿润？因此，在缺乏数理统计基础的前提下，仅通过文献记载的旱涝灾害来还原中古时期的干湿气候并不完全准确。

古人的灾害记录有着特殊语境与历史背景，不能简单按现代认知标准去释读理解。柯林武德在《自然的观念》中提出要从自然的观念走向历史的观念，“作为一种思想形式的自然科学，存在于且一直存在于一个历史的语境之中，并且其存在依赖于历史思想。由此我斗胆推断，一个人除非理解历史，否则他就不能理解自然科学；除非他知道历史是什么，否则就不能回答自然是什么这个问题”[2]。这一观点更适应于中古灾害史的研究。竺可桢、朱士光、刘昭民等多位学者都曾对“冬无雪”的记载有过深入探讨。其中刘昭民先生曾以汉代较少出现“冬无雪”等记载，论证汉代气候寒旱之甚；又以唐代“冬无雪”记载为中国各朝代之冠，佐证唐代为暖湿气候。[3]古人记载“冬无雪”，主要是因为无雪天气会影响冬季作物生长，可能引发来年旱灾。汉代的主要农作物是春种秋收的粟、黍、稻等，所以冬季并非农作物生长的关键期，因此对“冬无雪”并不重视。而唐代，尤其是高宗以后，

---

〔1〕闵祥鹏《历史文本中的人口聚集、区域经济与生存环境——基于唐代政治经济区与灾害多发区变迁的思考》,《陕西师范大学学报》(哲学社会科学版)，2016年第4期，第35页。

〔2〕R. G. 柯林武德著，吴国盛译《自然的观念》，北京大学出版社，2006年，第213页。

〔3〕刘昭民《中国历史上气候之变迁》，台湾商务印书馆，1992年，第83、100页。

冬小麦得到广泛推广[1]，冬雪可有效缓解宿麦旱情。出于重农观念，唐代史官记录“冬无雪”也就显得尤为重要。按刘先生统计的唐代19次“冬无雪”的记载，恰恰有9次发生在高宗武后在位期间。其中7次集中出现在贞观二十三年（649）到垂拱二年（686）年的37年间，5次引起旱灾。[2]所以，“冬无雪”在汉代记载少、唐代记载多反映的是关中农业种植结构的调整，而不是气候变化的主要证据。因此，古人记录的灾害史料，有其特殊的社会背景和判断标准，不能先入为主地将现代旱涝、干湿认知标准套用到灾害史料的解读中。

同样，亦有学者以正史中“陨霜杀桑”为据，推论古代冷暖状况。从租庸调到两税法，植桑事关朝廷的赋税征收，并直接影响国家的财政收入，因此国家非常重视农户种桑。据《唐律疏议·户婚》：“户内永业田，课植桑五十根以上，榆、枣各十根以上。”[3]另按《唐六典·尚书户部》中记载武德七年（624）规定灾后减免税赋条件为：“凡水、旱、虫、霜为灾害，则有分数：……若桑、麻损尽者，各免调。若已役、已输者，听免其

---

〔1〕西嶋定生、卫斯、惠富平、彭卫等学者先后对中古时期小麦种植与推广皆有论述。参见西嶋定生著，冯佐哲、邱茂、黎潮合译《中国经济史研究》，农业出版社，1984年，第178页；卫斯《我国汉代大面积种植小麦的历史考证》，《中国农史》1988年第4期；惠富平《汉代黄河流域麦作发展的环境因素与技术影响》，《中国历史上的环境与社会》，生活·读书·新知三联书店2007年；彭卫《关于小麦在汉代推广的再探讨》，《中国经济史研究》2010年第4期；李文涛《唐代关中地区冬小麦种植的扩张》，《南都学坛》2014年4期。

〔2〕闵祥鹏《实都策略、人口增长与政治中心东移——唐显庆至开元年间长安、洛阳政治地位变迁的量化分析》，《社会科学》2016年第7期，第144页。

〔3〕关于租庸调制中的植桑数字，学者们意见纷纭。唐长孺、杨志玖、松井秀一先生等认为20亩桑田总共种桑50株，而王仲荦、宫崎市定先生等则认为是20亩桑田每亩都种桑树50株。此处并不涉及该问题，因此不做讨论。参见《唐律疏议》，上海古籍出版社，2013年，第208页。

来年。”[1]所以霜降“杀桑”成为唐代四大重要灾害之一。此类记载相对翔实，是因为植桑对国家赋税有直接影响，并不是为了记录气候的变化。气候冷暖变化却需具体温度佐证，但这类史料是不可能记录霜降杀桑的具体温度。所以，学者可以科学复原霜降杀桑的场景，并类推古代气候变化，却不能将此类史料视为科学数据。总之，该类历史记载只是辅助证据[2]，或是审视中央王朝对该地区农业关注程度的另类视角，却不能在忽视社会背景下成为灾害自然规律、气候变迁的主要证据。

三 把握灾害特征与凸显历史问题的研究路径

程式化、碎片化以及学科惯性思维与概念厘定错误，使中古灾害史文本研究面临前所未有的困境，那么如何改变这一困境？首先，研究者应回归学术本位，反思灾害史研究的目的与意义。灾害史兴起源于其具有的现实意义：灾害与人类生存息息相关，与历史变迁紧密相连，与社会演进亦步亦趋。法国学者安托万·普罗斯特曾说：“真正的空白不是还未有人书写其历史的漏网之鱼，而是历史学家还未做出解答的问题。当问题被更新了，空白有时候不用填就消失了。”[3]由此出发，灾害史研究的真正意义，是为了解答重大历史问题。W. H. 沃尔什也说：“确定史实和解释史实”[4]是历史学者的使

---

〔1〕李林甫《唐六典》卷3《尚书户部》，中华书局，1982年，第77页。

〔2〕蓝勇《采用物候学研究历史气候方法问题的讨论》，《中国历史地理论丛》2015年第2期，第20页。

〔3〕安托万·普罗斯特《历史学十二讲》，北京大学出版社，2012年，第120页。

〔4〕W. H. 沃尔什著，何兆武、张文杰译《历史哲学导论》，北京大学出版社，2008年，第29页。

命。在灾害史研究领域，无论是邓拓先生的开创性贡献，还是大批自然与社会学家前赴后继的深入梳理，他们都是期望通过历史时期的灾情、灾况，探寻或解答与之相关的重大历史问题，诸如灾害与王朝的更替、经济制度的变迁、行政机构的完善、文化思想的交融等一系列问题，减少甚至规避灾害的发生，降低灾害对社会政治、经济、文化发展的负面影响。由此而言，灾害史研究应该回归灾害本位和历史问题。

近年来，在《自然》《科学》等世界一流期刊上刊发了多篇中国古代灾害史研究论文，涉及干旱饥荒、农民起义与唐朝灭亡[1]；洪水与夏王朝建立[2]；从汉代三杨庄洪水遗址看气候、文化和黄河中下游环境之间的复杂关系[3]等问题。这些论文都是从历史上的重大灾害事件入手，进而分析灾难对王朝兴衰、文明演进的影响。这些论文刊发后，引起国内学者的巨大争议。但抛开争论，回归以上作者尝试解答的问题，理性审视论著中多学科的研究方法、实证与量化分析的理念、全球史研究的宽广视域、长时段以及文明比较的思路，与纠结于零星文献描述、片段中钩稽史料的旧有研究范式，在方

〔1〕 Gergana Yancheva Norbert R. Nowaczyk, etc., “Influence of the intertropical convergence zone on the East Asian monsoon”, *Nature*, 2007, vol. 445, pp. 76-77.

〔2〕 Q Wu, Z Zhao, L Liu, DE Granger, H Wang, etc., “Outburst flood at 1920 BCE supports historicity of China’s Great Flood and the Xia dynasty”, *Science*, 2016, vol. 353, pp. 579-582.

〔3〕 Tristram R. Kidder, Haiwang Liu, Qinghai Xu, Minglin Li, “The Alluvial Geoarchaeology of the Sanyangzhuang Site on the Yellow River Floodplain, Henan Province, China”, *Geoarchaeology*, 27 (4), pp. 324-343; Tristram R. Kidder, Haiwang Liu, Minglin Li, “Sanyangzhuang: Early Farming and a Han Settlement Preserved beneath Yellow River Flood Deposits”, *Antiquity*, 2012, vol. 86, pp. 30-47.

法与视野上无疑有质的飞越，而这种宏观研究的视野、比较研究的方式，更新了中古灾害史研究的理念。同时随着大数据以及考古学、地质学、气候学等多学科的理论与方法在灾害史研究中的应用，也为复原并展示中古灾害与社会提供了新的可能。所以，在未出现大量新史料的前提下，大数据、新技术、长时段理论、整体史观、全球史视域交织并构架起的宏观灾害史研究，无疑为重新厘定中古灾害史研究的方向提供了思路，但深入把握灾害特征与关注历史问题的中古灾害史研究则显得更为迫切。在此基础上，基于灾害特征与历史问题的区化与时段聚合、文本出发的深层次社会透视、多维度的层域内嵌，也成为打开当前中古灾害史研究的新路径之一。

一是基于灾害特征与历史问题的区化与时段缀合。区域灾害史与断代灾害史一直是灾害史研究的重要方面，已涌现出大量重要著作。随着中古灾害史研究的深入，区域灾害史与断代灾害史研究中有着难以避免的短板。就区域灾害史而言，多数著作按行政区划，甚至是现代行政区划厘定研究范围，而非受灾区域。毫无疑问，任何灾害都是一定区域内的灾害，但受灾区域与行政区划并非同一概念。行政区划是人为划定，在某段时间内相对固定；而受灾范围受灾情影响，是随机或变化的，每次灾后的受灾范围都不会完全一致。一方面，气候骤变、洪水泛滥、疫病传播、地震带分布、地质变迁、飞蝗迁移等灾害的发生都是跨区域的，气候变化更需置于全球史视域中把握；另一方面，就中古史而言，部分零散记载的灾害案例在政区内小范围发生，不能认定是整个政区内出现的普遍灾害现象。事实上，灾害的发生不仅不会按行政区划分布和演变，反而会影响行政区域的演变。[1]尤其是中古时期的灾害是按古代区划记录的，记载受灾范围并不翔实，从文本中无法确定具体地点，随着历代政区的演变，受灾范围就更加难以考证。明清以后各地编修的方志中，曾收录许多已不在其区划内的灾害事例，造成许多不必要的错误。[2]总之，灾害的发生与行政区划没有必然的因果联系。

从断代灾害史而言，灾害是受区域气候、地形、地貌等因素影响。气候、地形、地貌是不以人的意志为转移的，它可能导致朝代更替，但朝代更替却不会引发气候变化，这是一个基本逻辑。部分从事断代史研究的学者，往往先入为主地将研究主题框定在固定时间内，仅仅关注自己研究时段的灾情灾况、灾害制度，惯于以灾害事件的发生、救灾措施的拟定、防洪工程的修筑、常平仓与义仓设置等表征进行史料罗列，进而概括整个朝代的灾情、防灾或救灾特征。在缺乏长时段纵向比较的前提下，这些研究者往往忽视灾害产生的根源、仓廪救灾体系的演变等，过分强调自己研究时段的重要性与独特性，或轻易得出某种灾害在该时段严重的结论。总之，灾害的自然属性决定了灾害研究不应固守“长时段”或“短时段”、“宏观”或“微观”、“大历史”或“小历史”的思维，而应按灾情、灾况、防灾、救灾的具体特点设定研究范围与时段。

诚然，灾害史料主要源自文本记载，而灾情、灾况、赈

---

〔1〕王娟、卜风贤《古代灾后政区调整的基本模式探究》,《中国农学通报》2010年第6期，第344—347页。

〔2〕中古灾害史的史料多来自正史、通鉴，少部分来自碑刻、墓志、文书等新史料，其记录模糊笼统，许多史料仅仅记载发生的郡国或道州。宋元以后各地编修的方志，对唐之前的灾害事件一般转引自正史记录。但古代政区是不断变化的，编修者难以确定具体位置，因此唐之前州道所记的灾害，明清县志也会全部收录，导致错漏频现。

济等是按行政区划或朝代进行记录、申报、勘查、覆核，所以早期灾害史研究中按照行政区划或断代研究，固然有合理性。但随着灾害史研究的深入，研究者必须在研究深度、内涵、路径上有更为严谨的思考，这必然要求当前的研究视域摆脱历代行政区划（甚至国家疆域）和朝代的束缚，关注灾害事件本身。一方面，以灾害事件，尤其是重大灾害事件为研究对象，以受灾区域为研究范围，研究应涵盖灾害事件发生的整个过程（灾前预防、灾中处置、灾后应对），不能拘泥于政区与时段。在文本或新技术的基础上，按受灾范围将不同政区进行空间聚合；按受灾时间限定研究时段，相对完整地展现灾害概况，把握灾害形成的根本原因，理清防灾制度的发展脉络，探讨救灾的区域联动〔1〕等。另一方面，按照灾种的具体类型与特征设定研究范围。比如洪灾研究按照流域、疫病研究按照传播范围、地震研究按照地震带分布做具体分析，而不能先框定范围，继之将该范围内的水、旱、蝗、疫等进行所谓总体时空分布研究。古今中外，灾害史的经典论著无一不是基于灾害问题的区化与时段的聚合研究。1962 年，谭其骧先生发表了《何以黄河在东汉以后会出现一个长期安流的局面》，题目即以黄河八百年安流这一重大问题设问，研究时段贯穿了东汉至唐，进而认为黄河中游土地利用方式的改变是消除黄河水患的决定性因素。〔2〕杜希德的唐代疫病与人口研究，看似是中规中矩的断代史切入，实际上却是对 630 年、830 年两轮重大疫情的具

〔1〕 张龙《论唐前期两京联动的应灾机制》,《唐史论丛》2016 年第 1 期，第 77 页。

〔2〕 约翰·麦克尼尔著，刘翠溶译《由世界透视中国环境史》，见刘翠溶、伊懋可主编《积渐所至：中国环境史论文集》上册，台北“中央研究院”经济研究所，1995 年，第 41 页。

体分析，并跳出中国史区划研究的束缚，融入了全球史视野，将636年大疫与当时肆虐于中东和君士坦丁堡的鼠疫相联系，“636年暴发的疫病很有可能来自伊朗和粟特”[1]。当前全球史的倡导者威廉·H.麦克尼尔在其著作《瘟疫与人》中，更是将瘟疫的传播置于欧亚大陆及公元前500年至1200年的广阔视野中。[2]而罗兹·墨菲（Rhoads Murphey）也曾在亚洲比较观念下分析中国、印度、日本、东南亚等地区人口增加、植被破坏等导致的生态问题。[3]这些多年前的研究，立足灾害进行文本缀合，抛弃了区划与时段的惯性思维，打破了行政区划与朝代的束缚，摆脱了结论的片面与支离破碎，足为当前灾害史所借鉴。因此如果要加深中古灾害史的研究，断代与政区等人为主观设置的学科惯性思维都应去除。

二是文本出发的深层次社会透视。中古灾害史的研究主要是基于文本，历史文本中的记录，“并不是自然而然形成的，它是文化建构和再现的结果；过去总是由特定的动机、期待、希望、目标所主导，并且依照当下得以建构”[4]。所以带有时代背景与历史语境的灾害史料，是灾害与社会互动的最直接表现。文本与灾害史实之间的间距化，也最能清晰展现人对灾害的认知与应对。

---

〔1〕 Denis Twitchett, “Population and Pestilence in T’ang China”, *Studia Sino-Mongolica: Festschrift für Herbert Franke*, ed. Wolfgang Bauer. Wiesbaden: Franz Steiner Verlag, pp. 35-68.

〔2〕 威廉·H.麦克尼尔著，余新忠、毕会成译《瘟疫与人》，中国环境出版社，2010年。

〔3〕 罗兹·墨菲《在亚洲比较下的中国环境史》，《积渐所至：中国环境史论文集》，第67页。

〔4〕 扬·阿斯曼著，金寿福、黄晓晨译《文化记忆：早期高级文化中的文字、回忆和政治身份》，北京大学出版社，2015年，第87页。

毕竟，在复原中古自然灾害的发生机理、演变过程等方面，史料所能起到的作用远远低于考古等新发现带来的突破。没有建立在科学记录基础上的古代灾害史料，或与现代灾害学话语体系下的中古灾害史研究，是不能用科学指标、体系分析其发生、演变的自然规律。尤其是饥荒等，其并非仅由自然灾害引发，还与该时期战乱、供给失衡、制度失措等有关。秦汉时期，"兼事农耕与渔采或狩猎者不在少数，这强化了民众谋生抵御天灾人祸的能力，有利于维持民众生活"〔1〕。但王莽执政后，控制山泽之利，"剥夺了大众渔业、狩猎和采集业的权利乃至交换权利，加上朝廷应对饥荒不力，致使老百姓由饥饿发展到饥荒，最终发展成饥民暴动"〔2〕。《汉书》载："以大司马司允费兴为荆州牧，见，问到部方略，兴对曰：'荆、扬之民率依阻山泽，以渔采为业。间者，国张六筦，税山泽，妨夺民之利，连年久旱，百姓饥穷，故为盗贼。兴到部，欲令明晓告盗贼归田里，假贷犁牛种食，阔其租赋，几可以解释安集。'莽怒，免兴官。"〔3〕由此可见，当时有识之士已认识到饥荒背后的制度失措。所以，"指责自然界可能给人以慰藉和舒适。它对那些处于权力和责任位置上的人来说，尤其有着很大的用处"〔4〕。所以将饥荒称为天灾的历史记录，更多的是统治者掩盖过失之举。阿马蒂亚·森对历史重大饥荒的研究表明，饥荒可在粮食供给没有出现下降的情况下发生，"有些饥荒甚至出现

〔1〕侯旭东《渔采狩猎与秦汉北方民众生计——兼论以农立国传统的形成与农民的普遍化》，《历史研究》2010年第5期，第4页。

〔2〕李文涛《饥荒与权利——新莽王朝灭亡的一个视角》，《南都学坛》2015年第1期，第6页。

〔3〕《汉书》卷99下《王莽传》，中华书局，1962年，第4151—4152页。

〔4〕让·德雷兹、阿马蒂亚·森著，苏雷译《饥饿与公共行为》，社会科学文献出版社，2006年，第49页。

在粮食可供量的高峰期”[1]。他的饥荒政治学完全不同意饥荒产生的自然原因，而是强调所有饥荒都是人为的。正史饥荒文本中的偷换概念、避讳隐恶、粉饰虚夸、增删篡改，隐藏着深层次的社会价值与政治隐喻，依然是真实历史的另一面。因此，基于文本的灾害史研究多是社会与历史问题的研究。

当前中古灾害史研究中最为明显的程式化问题就是分析灾害成因，部分学者在探讨灾害成因时往往简单地划分为自然因素与社会因素，而社会因素则归根于环境破坏、政治腐败、苛捐杂税，灾害影响则不外乎人口死伤、农业生产破坏、财产损失；救灾则为兴修水利、开仓赈济、施粥送药等。自然因素灾害则多总结为气候、地形、地貌，有些结论甚至步入环境决定论的泥潭。按照程式化研究得出的以上结论，自古及今，大同小异，汉、唐、宋差别不大，关中、河南、江南如出一辙。但重大灾害总有其发生的特殊历史背景与社会形态，缺乏深层次的社会透视与人文观照，忽视灾害发生的时代背景与救灾制度的历史演变过程，必然带来灾害史研究方向与结论的谬误。

利用文本与大数据的结合进行史料的深入分析，却为中古灾害史研究带来了新思路。古代灾害记载简略，受灾区域、人数、灾损等往往记载不清，语焉不详，且不同时代的史料多寡不一，缺乏量化分析基础。这一点在中古史中表现得尤为突出，许多学者认为统计灾害次数意义不大。但实际上灾害的次数统计仍是灾害多发的认定标准之一，古代灾害记录虽简略，却依然是特定历史时期政治、经济与社会的映射，体现出古代

〔1〕诺贝尔经济学奖获得者阿马蒂亚·森根本不同意将饥荒划分为“自然的”与“人为的”，他认为“饥荒都是人为的”，“饥饿与饥荒是指一些人未能得到足够的食物，而非现实世界中不存在足够的食物”。参见阿马蒂亚·森《贫困与饥荒》，商务印书馆，2009年，第1页。

灾害多发区与古代政治经济重心变迁的同步关系。

在大数据分析与文本书写的启发下，正史等文本中的灾害记录次数，既反映了编纂者文本叙述的侧重点，也能从中判研国家对该地区的关注度与重视度，尤其是通过对比不同地区、时段灾害记录的多寡，还可阐释古代人群生存空间与区域开发的状况等诸多问题。[1]某时段内灾异词汇、文本、著作、隐喻的出现频率等，也是探讨不同历史时期灾异观念发展演变的重要证据，成为深层次透视灾害与社会的重要实证性材料。所以，史料不能成为灾害自然规律、气候变迁的主要证据，却可以成为阐释灾害与社会问题的核心内容。

三是多维度的层域内嵌。灾害史研究中史料是基本，也是最为核心的研究来源。早期灾害研究的史料主要为正史，《汉书》《后汉书》《晋书》《宋书》《南齐书》《隋书》《旧唐书》《新唐书》《旧五代史》《宋史》《金史》《元史》《明史》等皆撰有《五行志》，灾异往往按照五行之分，同被记录。《明史·五行志》对于灾异中的天人感应之说虽弃之不载，但仍“依旧史五行之例，著其祥异”[2]。直至民国所编纂的《清史稿》仍然也专列《灾异志》。当然不仅是正史，灾异在其他类书、典志、实录等各类史籍中[3]，亦多有记录。但这种官方记载被视为上层话语体系逐渐遭到学者质疑。灾害史的很多研究中融入了以霍布斯鲍姆和汤普森为代表的英国马克思主义新社会史学

---

〔1〕闵祥鹏《历史文本中的人口聚集、区域经济与生存环境——基于唐代政治经济区与灾害多发区变迁的思考》，《陕西师范大学学报》（哲学社会科学版）2016年第4期，第40页。

〔2〕《明史》卷28《五行志》一，中华书局，1974年，第425页。

〔3〕闵祥鹏《历史时期灾害资料整理的图书文献来源》，《前沿》2011年第13期，第24页。

派提倡的“自下而上”的史学观念，利用新史料、新方法探讨中国古代基层社会灾害问题成为重要领域。在这些研究中，往往摆脱了单一正史的传统史料来源，更广泛利用碑刻、墓志、经卷、文书，甚至诗词、歌谣、赋、谚语、传说、画像中的材料。[1]但此类灾害史料又过于琐碎，需借鉴正史等记载加以补充。基层史料与官方史料的结合，带来文本的多样性与不同阶层灾害认知的多元化。

但无论是自下而上还是自上而下的研究，仍带有线性分析的痕迹，“人们现在应该做的不是继续拘泥于文化的二分法、三分法或强调整体性，而是应该去寻找导致分化和整合的原动力，并分析这种原动力的复杂性”[2]。中古灾害史的研究同样如此，不同社会阶层对灾害认识有很大差异，按阶层分类固然有合理性。但阶层只是社会分类的一个标准，性别、宗教、民族、职业、宗族、派系、国家等，亦可成为审视灾害，或进行维度划分与类别比较的依据。而性别、宗教、民族、职业、宗族、派系、国家、观念等往往又内嵌于各社会阶层之中，彼此互为衔接，构建起立体透视灾害与社会问题的多维视角。

因此，要摆脱二分法、三分法或阶层分析法的固有形式，多角度研究中国历史上自然和社会的关系[3]。将阶层、宗教、性别、民族、宗族等彼此衔接，形成审视灾害与社会问题的多维层域，彼此内嵌，增加灾害史学研究的立体感与厚重性，强

〔1〕闵祥鹏《历史语境中“灾害”界定的流变》,《西南民族大学学报》(人文社科版)2015年第10期，第16页。

〔2〕赵世瑜《“自上而下”、“自下而上”与整合的历史观》,《光明日报》2001年7月31日。

〔3〕邹逸麟《多角度研究中国历史上自然和社会的关系》,《中国社会科学》2013年第5期，第27页。

化审视社会问题的透视性与深入性。尤其是将多维层域透视引入部分学者所倡导的灾害书写中，不再拘泥于自下而上或者自上而下或者整体视野，而是通过多维度透视，寻找灾害观念差异的原因，救灾效果影响官民冲突的根源，传统灾异思想分化与整合的原动力，去探求原动力背后的复杂性。由线、面到立体，最终实现历史文本解读者与文本之间的交互式研究，全景展示灾害与社会的关系。

中古灾害史研究不同于单纯的人文或自然科学研究，它有着相对的复杂性。对于古人而言，多数灾害都不是人为可控的，每次灾害的发生时间、持续时段、受灾范围、危害程度皆有不同，这种随机性与不确定性也决定了它不能像政治史、经济史、文化史等，按照人为设定的政区或朝代进行研究。但其中的灾害观念、防灾措施、救灾制度等，则是人类对灾害的应对举措与认识思考，储粮备荒的仓廪制度、天人感应的灾异思想、修德应天的弭灾行为甚至是当时政治、经济与文化变迁的直接产物，而政治生态、行政效率与救灾实效之间亦有紧密关联。因此，灾害史研究决不能脱离历史框架，忽视时代背景，这就是灾害史研究的复杂性。诸如将灾害成因分为自然因素与社会因素两类进行程式化研究，更多的是介绍浮于历史表面上的共相，而碎片化的灾害史研究则过于强调与突出灾害的殊相，无法实现灾害与社会关系的把握。这些也决定了当前灾害通史、断代史或区域史研究仍有不足，中古灾害史也还有广阔的研究空间或前人未曾开拓的领域。

灾害史研究一直强调把握灾害规律，那么把握灾害规律首先应以灾害事件本身设定研究的时空范围，选择与制度变迁、社会演进、历史发展息息相关的，具有典型性、代表性、特殊性的重大灾害为研究对象，从灾害文本的书写、粉饰、增删、隐喻中，探寻人与灾害之间的互动表征；从灾异思想分化与整合中，发现灾害认知演变的动力；从大数据分析与文本量化分析的启发下，研判国家政治、经济中心的变迁与调整，阐释古代人群生存空间与区域开发的状况等环境问题。回归灾害与历史问题的中古灾害史研究，也要将重点置于当前重要的历史问题，诸如早期文明兴衰、政治运行体制废立、经济制度演进、宗教传播与合流、国家统一与分裂、民族融合与分化、游牧与农耕的战合、农民起义成败等，并将其作为重大历史背景，从灾患与早期文明形成、灾异天谴与国家政治体制调整、修德与国家应灾伦理、仓廪制度与经济供给方式、末世与朝代更替等历史的发展演变中，审视灾害对历史走势的影响。从同类灾害中寻求其特殊性，或者从特殊现象中寻求普遍共性，以此打破中古灾害史研究面临的程式化与碎片化问题，彰显灾害史研究的意义与价值。

（闵祥鹏《回归灾害本位与历史问题：中古灾害史研究的范式转变与路径突破》，原文载《史学月刊》2018 年第 6 期）

附录三　多难兴邦、殷忧启圣

——漫谈古籍记载中的防灾与救灾

“饥荒的国度”，这是亲眼见过灾荒的西人马罗立对近代中国形象的简要概括，多灾多难亦是后世学者研究中国灾害历史后的共识。如邓拓先生曾言：“我国灾荒之多，世界罕有，就文献可考的记载来看，从公元前18世纪，直到公元20世纪的今日，将近四千年间，几乎无年无灾，也几乎无年不荒。”毫无疑问，灾害频仍是历史时期以来中国灾害的典型特点，但屡遭灾害后形成的防灾救灾之道亦是让先民摆脱蒙昧、延续文明的生存之法。自先秦至明清，文献记录的灾害史料汗牛充栋，留下的防灾救灾思想亦影响深远，其中的至理名言更是俯拾皆是、裨益后人。所以中国历史虽是一部屡经灾难的历史，但灾难的种子亦可结出丰硕的果实，忧患的意识更能激发直面困境的勇气，“或多难以固邦国，或殷忧以启圣明”，这就是应对灾难的中国智慧。

先贤论古史，必述《书》《诗》与《春秋》。其中洪患的记载始自尧舜，《尚书·尧典》载：“汤汤洪水方割，荡荡怀山襄陵，浩浩滔天。”此为文明初始的洪水泛滥。《诗经·商颂》曰：“洪水芒芒，禹敷下土方。”这是记载大禹治水之艰辛。《左传》云：“美哉禹功！明德远矣。微禹，吾其鱼乎！”这是盛赞禹平洪水的功绩。也正是在治水的过程中，先民对自然的认识更加深入，疏水防洪之法运用得更加娴熟，《考工记》

载："凡沟必因水势，防必因地势。善沟者水漱之，善防者水淫之。"除了洪水泛滥，亦有旱魃为虐。《诗经·大雅·云汉》曰："旱既大甚，涤涤山川。旱魃为虐，如惔如焚。"旱魃是先民眼中致旱的女鬼。《说文》："魃，旱鬼也。"祈求神灵、驱鬼消灾成为重要的禳灾之法。《左传·昭公元年》："山川之神，则水旱疠疫之灾，于是乎禜之。日月星辰之神，则雪霜风雨之不时，于是乎禜之。"《诗经·小雅》云："以祈甘雨，以介我稷黍，以谷我士女"。这是民众祈求神降甘霖，护佑谷丰民阜。

先民对天灾人祸与治乱兴衰的初步认识已然形成。《管子·五辅》："天时不祥，则有水旱。地道不宜，则有饥馑。人道不顺，则有祸乱。此三者之来也，政召之。"所以荀子曰："天行有常，不为尧存，不为桀亡，应之以治则吉，应之以乱则凶。"储积备荒观念也已经出现，《礼记·王制》记载："国无九年之蓄，曰不足；无六年之蓄，曰急；无三年之蓄，曰国非其国也。"强调国家应有足够的积蓄以应对荒年。《逸周书·文传解》曰："天有四殃，水、旱、饥、荒，其至无时，非务积聚，何以备之。"《左传·襄公十一年》："居安思危。思则有备，有备而无患。"居安思危、有备无患，不仅是流传后世、耳熟能详的词句，而且是历代谨记、防患去险的智慧法则。

汉代以后，天人感应的灾异天谴说兴起。"凡灾异之本，尽生于国家之失。国家之失乃始萌芽，而天出灾害以谴告之；谴告之而不知变，乃见怪异以惊骇之，惊骇之尚不知畏恐，其殃咎乃至。以此见天意之仁而不欲陷人也。"灾异之变往往被视为国家政治失措的应征，君主修德改政则是应天弭灾的根本途径。汉代儒生逐渐以灾异天谴与修德应天为两翼，构架起一整套蕴含神学色彩的理论体系。灾异由展示神权威严的现实表征，演变为制约皇权的重要方式，成为约束君主权力、整肃政治秩序与规范伦理道德的自然征兆与逻辑起点。在中国古代社会的防灾救灾思想中，修德应灾也成为最为重要的理念。修德为本的认识，使社会各阶层将君主修德改政视为国家应灾的根本之道，赈济、借贷、免赋、调粟、除害等直接的救灾行为反而沦为修德的具体措施。其中君主修德应灾主要是指完善德性与德行两个方面，其中德性是其遵循政治规范与政治伦理的内在表现，德行则是遵守政治规范与践行政治伦理的外在形式。虽然体现君主德行的消灾方式较多，但所有形式都受制于德性，或都可视为德性的反映。因此修德弭灾方式的多样性与修德应灾理念的统一性，也成为中国古代社会灾害应对的重要特点。

灾异学说对中国传统社会的灾害思想产生了深远影响，而仓储制度逐渐建立则推动了古代国家防灾救灾体系的完善。在战国李悝等人思想的影响下，汉代桑弘羊创立平准法，耿寿昌在此基础上奏请边郡普遍设置粮仓，“以谷贱时增其贾而籴，以利农，谷贵时减贾而粜，名曰常平仓。民便之”。晋武帝泰始四年（268），立常平仓，丰年则籴，岁俭则粜。隋开皇三年（583），置常平监于京都，常平仓于陕州。度支尚书长孙平奏设置义仓，令民间每秋成时，按贫富为差户出粟一石以下，储之闾里以备凶年赈给。唐立国之初，即设立社仓。唐太宗贞观二年（628），命州县并置义仓，凡置地亩纳二升储之，凶年赈给或贷民为种，秋熟纳还。十三年，令洛、相、幽、徐、齐、并、秦、蒲诸州置常平仓。高宗显庆年间，设常平署官。唐代是仓储制度相对完善的时期，义仓、常平仓、正仓、太仓等都曾在赈济灾民的过程中发挥过重要作用。杜甫《忆昔二首》写道：“忆昔开元全盛日，小邑犹藏万家室。稻米流脂粟米白，公私仓廪俱丰实。”仓储制度的日益完善为防灾救灾提供了相对可靠的保证。陆贽亦言："立国而不先养人，国固不立矣；养人而不先足食，人固不养矣；足食而不先备灾，食固不足矣。为官而备者，人必赡；为人而备者，官必不穷""取之有度，用之有节，则常足；取之无度，用之无节，则常不足"。常平仓的主要功能是平物价，备凶年。但隋唐时期，常平仓的性质渐渐向义仓靠近，常用于荒年赈贷。相对完善的仓储制度成为隋唐时期备灾养民的重要措施。

天人关系是中国传统思想的基本命题，也是历代先贤对抽象世界的高度概括，在构建与阐释天人关系的基本框架时，天灾始终被视为天人感应的重要标识以及天人不合的直接表现。唐中晚期的儒学复兴，使得韩愈、柳宗元、刘禹锡等人对天人关系进行了更为深刻的思考。尤其是柳宗元，他对天人感应学说提出了尖锐的批判："生植与灾荒，皆天也；法制与悖乱，皆人也，二之而已。其事各行不相预，而凶丰理乱出焉，究之矣。"刘禹锡更是提出："天之能，人固不能也；人之能，天亦有所不能也。故余曰：'天与人交相胜耳'"。该时期的学者以超乎时代的思考，深化了对天人关系的认知，为宋明理学的出现奠定了学理基础。

欧阳修等人在中唐儒学思想的基础上，对天命观念提出了大胆的批判，"盛衰之理，虽曰天命，岂非人事哉。"他认为治乱兴衰在于人而不在于天，人事重于天命。在汉唐时期，撰史者深受天人感应灾异思想影响，往往将灾异与历史事件录于一处，推论吉凶祸福。但欧阳修在其撰写的《新唐书·五行志》中对汉唐盛行的灾异天谴说提出质疑："夫所谓灾者，被于物而可知者也，水旱、螟蝗之类是已。异者，不可知其所以然者也，日食、星孛、五石、六鹢之类是已。孔子于《春秋》，记灾异而不著其事应，盖慎之也。以谓天道远，非谆谆以谕人，而君子见其变，则知天之所以谴告，恐惧休省而已。若推其事应，则有合有不合，有同有不同。至于不合不同，则将使君子怠焉。以为偶然而不惧。此其深意也。盖圣人慎而不言如此，而后世犹为曲说以妄意天，此其不可以传也。”并且一改惯例，仅“著其灾异，而削其事应”。与欧阳修相比，郑樵《通志·灾祥略》，开篇即指出：“仲尼既没，先儒驾以妖妄之说而欺后世，后世相承罔失坠者，有两种学：一种妄学，务以欺人；一种妖学，务以欺天。”郑樵直接将“天人感应”的灾异学说斥为妖妄之学。由此观之，灾害“天谴说”逐渐受到挑战。元代马端临在《文献通考》中亦曰：“《记》曰：‘国家将兴，必有祯祥；国家将亡，必有妖孽。’盖天地之间有妖必有祥，因其气之所感而证应随之。自伏胜作《五行传》，班孟坚而下踵其说，附以各代证应为《五行志》，始言妖而不言祥。然则阴阳五行之气，独能为妖孽而不能为祯祥乎？其亦不达理矣。”国家的兴衰并不是以自然现象的发生为标志的，灾不代表衰亡，所谓的“祥瑞”亦不代表繁盛。“天人感应”的灾害学说逐渐被质疑。

在“重人事，轻天命”思想的转变下，宋元时期的防灾救灾逐渐向实用性转变。我国历史上第一本专门性的救荒书籍《救荒活民书》，就在此时出现。董煟在书中提出了许多救荒之策：“古人赈给，多在季春之月。盖蚕麦未发，正宜行惠，非特饥荒之时方行赈济而已”“常平赈粜，所以抑兼并，济贫弱，此良法也”“募人兴修水利，即既足以振救食力之农，又可以兴陂塘沟港之废”。元代以后，大量的救荒书、水利书、农书、捕蝗书等纷纷出现。如农书有《农书》《农桑辑要》，水利书有《河防通议》《河防一览》《治理通考》，捕蝗书有《捕蝗考》《捕蝗集要》《轺车杂录》《潮灾纪略》《补蝻历效》等，书中提出许多重要的防灾救灾之策。荒政问题更是得到了诸多的关注，总结出大量切实可行的方法。林希元《荒政丛言》："救荒有三便：曰极贫之民便赈米，曰次贫之民便赈钱，曰稍贫之民便转货""故凡坍坏之当修、湮塞之当浚者，召民为之，日受其直，则民出力以趋事，而因可以赈灾，官出财以兴事，而因可以赈民"。这是按受灾程度差异，采取不同的救济方法赈济灾民，或召民出力修理坍坏的工程，把单纯救济发展为以工辅赈。类似的救荒之策都是具有实用性的总结，如屠隆《荒政考》："一曰蠲岁租之额以苏民困……二曰发积畜之粟以救饥伤……三曰行官籴之法以资转运……"周孔教《荒政议》："救荒有六先，曰先示喻，先请蠲，先处费，先择人，先编保甲，先查贫户。"王象晋《救荒成法》："正策一曰开仓，二曰截留上供，三曰自出来及劝余富民，四曰借银库循环粜籴，五曰兴修水利，补辑桥道，令饥民有工力可食，而官府、富民得集事。"宋元以后此类论著的大量出现，一方面是应灾减灾的客观需求，另一方面也是古人防灾救灾能力不断提升的表现。

这一时期的灾荒赈济，也从依赖官府逐渐转变为官赈民救、村社联合、社会募捐等多种形式。明清时期兴起的方志中，对于各地民众备灾自救有更为详细的记载。近代以来"西学东渐"也为灾害救济的展开提供了新的方法。许多西方传教士基于传教的需要，逐渐将西方赈灾募捐方式引入中国。例如英国人李提摩太就曾亲自参与了丁戊奇荒的救助。他不仅向英国浸礼会求助，还向民间募集捐款，用以救助受灾地区的人民。李提摩太还应沈敦和之请，联络各方在华人士，达成了共办"红十字会"的意向。李提摩太后来在他的回忆录中写道："我们组成了一个国际红十字会组织，中国人、英国人、美国人、法国人、德国人，还有其他民族的人在这个组织里共同合作。”在西方救济思想的影响下还出现了“义演”募集款项以赈灾的新方式，如光绪时期发生了华北大饥荒，上海在光绪三、四年间便连续出现了一系列传统戏园的义演助赈活动。这些措施亦成为中国后期募捐赈济的滥觞。

确实如邓拓等先生所言，中国的历史是一部与灾害相伴的历史。也正是在面对灾难的过程中，历代防灾措施日趋多样，救灾制度逐渐完善，灾害认知越发理性。“古有多难兴国，殷忧启圣，盖事危则志锐，情苦则虑深，故能转祸为福也。”在这种直面苦难、百折不回的勇气与意志下，先民们延续着文明的火种，照耀着曲折而艰辛的前路。

（作者：王晋文）

附录四　中国灾害史研究论著的学术史回顾

中国幅员辽阔，灾害多发，多灾多难似乎是这片土地挥之不去的记忆。人们常说，中国的历史进程就是一部伴随着灾难的历史，从有历史记忆以来，先民们就一直在与各种灾难做斗争。五千年来，灾害对中国历史产生了深远影响，从远古的神话传说如大禹治水起，就一直留存在中国的文化记忆里。近代时，“天灾”与“人祸”交织，时刻考验着这片土地的人民。1937年，在古都开封，一位名叫邓拓的青年忧心国家民族，发奋写就《中国救荒史》一书，立志“发扬祖国的文化”[1]，并在随后重新投身革命事业。就是从这时起，中国的灾害史研究进入新阶段，迄今为止已经走过了80多年的历程。80多年来，中国的灾害史研究方兴未艾。回顾过去，中国灾害史研究从近代发端以来，到中华人民共和国成立后地震、水旱等资料的整理，再到20世纪90年代后各类专著涌现，成果愈加丰硕而多元化。研究灾害史，即通过总结前人在面对灾害时所产生的经验教训，以对当今的防灾、救灾等工作起到一定的指导作用。由此来看，中国灾害史研究的不断发展，具有鲜明的现实意义。同时，明晰了中国灾害史研究的发展概况，对于推动灾

〔1〕傅家麟《青年时代的邓拓》，见廖沫沙等《忆邓拓》，福建人民出版社，1980年，第223页。

害史研究的发展大有裨益。

一 近代以来的灾害史研究论著

近代以来的中国，内忧外患、饥荒频仍。为消弭苦难、复兴中华，许多有识之士苦苦寻觅破解灾难的救世良方。1876年至1879年的四年间，一场大旱席卷华北，山东、山西、河南、陕西、直隶等地，禾苗不生、饿殍遍野，有一亿以上的人口在此次灾难中受灾，一千多万人死于饥饿和随后的瘟疫。因1877年（丁丑年）和1878年（戊寅年）灾情最烈，故把这次灾荒称为“丁戊奇荒”。

大灾引起了清廷高层的惊惧，李鸿章哀叹：“朝廷日事祷祈，靡神不举，而片云不起，若清明前后仍不获甘霖，数省生灵，靡有孑遗，我辈同归于尽，亦命也。”〔1〕灾情也引发西方社会的高度关注。英国传教士李提摩太（Timothy Richard）就曾在1877年12月至1878年4月向伦敦浸礼会总部先后三次写信述说灾情。1878年4月1日《申报》专门刊发了《绛州城内传教士王玛窦致李提摩太论灾书》〔2〕,11日又刊发《山西饥民单》〔3〕，详叙山西灾况。为了更加准确地了解中国的灾情，此时英国的驻华学生翻译谢立山（Alexander Hosie）专门编译了《中国的旱灾》（Droughts in China，A. D. 620 to 1643）一文，他对《古今图书集成·庶征典·旱灾部》中已

〔1〕光绪四年（1878）二月十八日，李鸿章致曾国荃书信。见顾廷龙、戴逸主编《李鸿章全集》第三十二册《复曾沅帅》，安徽教育出版社，2008年，第250页。

〔2〕《申报》1878年4月1日。

〔3〕《申报》1878年4月11日。

有的资料进行整理与研究，是西方人较早介绍中国灾害历史的文章。

1926年，美国学者马罗立（Walter H. Mallory）在《饥荒的中国》一书中论述中国历史上的旱灾时，曾引用了谢立山的研究。《饥荒的中国》作为第一本使用英文写成的中国饥荒问题的专门性著作，马罗立在序言中直言，他撰写此书的目的是为了解答：中国何以会发生如此频繁的饥荒？以及如何防止饥荒？[1]潘光旦先生曾如此评价："近几年来西人关于中国的著作里，值得翻译的不多，但是这一本却是不得不翻译的。荒年不但是许多社会问题一大起源，连种族的品质都受了它很深刻的影响，间接又引起不少社会与文化的难题。"[2]所以在这一时期的很多有识之士眼中，灾害不仅是自然灾难，更是社会问题，救灾不力是中国社会积贫积弱的真实写照。

在结束了山西省的灾荒救援后，李提摩太开始思考灾荒出现的原因，以及民众贫困的根源等问题。他在自己的回忆录中说："我感到我必须研究导致人类之苦难的根源，不仅仅研究中国，而且研究全世界的情况"[3]，他希望通过演讲使中国的官员和学者们对科学产生兴趣，以"影响他们去修建铁路、开掘矿藏，以避免饥荒再度发生，去把民众从赤贫之境解救出来"[4]。后来，李提摩太进一步以开启民智、兴办教育作为在华时期的一项主要工作。

---

〔1〕马罗立著，吴鹏飞译《饥荒的中国·原著者序》，上海民智书局，1929年。

〔2〕《饥荒的中国》，《优生》第1卷第1期"书评"栏，1931年5月15日。收入潘光旦著，潘乃穆、潘乃和编《斯文悬一发：潘光旦书评序跋集》，群言出版社，2015年，第76页。

〔3〕李提摩太著，李宪堂、侯林莉译《亲历晚清四十五年：李提摩太在华回忆录》，天津人民出版社，2005年，第136页。

〔4〕同上。

应该指出的是，虽然西方对中国的灾害问题十分关注，但并没有对中国灾害史做系统、深入的研究。马罗立在《饥荒的中国》中，除了简单论述中国历史时期的旱灾之外，主要篇幅还是分析当时中国的饥荒原因及其救治。

直至1937年，第一本真正意义上的救荒史著作方才出现，即邓拓先生撰写的《中国救荒史》。全书分为三编，第一编是“历代灾荒的史实分析”，第二编是“历代救荒思想的发展”，第三编是“历代救荒政策的实施”，附录历代救荒大事年表，罗列自殷商至民国三千七百年间的灾害史实。该书是第一部较为完整、系统、科学地研究中国历代灾荒的著作，历来被视为灾害史研究的“扛鼎之作”。《中国救荒史》出版时，正值日本发动卢沟桥事变，抗日战争全面爆发。它的出版，既是国家民族危难之际，邓拓心系国家命运发奋所做的文化事业，也代表着一种有别于传统史学方式的研究视角的正式出现。

与《中国救荒史》相比，陈高佣先生的《中国历代天灾人祸表》虽然出版时间略晚，但着手编撰的时间却要更早。早在1934年，上海暨南大学的陈高佣及其助手就开始了书稿资料的搜集，不料正当工作进行得如火如荼时，1937年8月13日，日本制造了八一三事变，派兵进攻上海，中日“淞沪会战”爆发，战争使得工作一度停滞。在国家民族生死存亡之际，陈高佣矢志不移，更加坚定了要将这一文化工作完成的决心，“在此大时代中，我们从事文化事业的人更应努力本位工作，以期无愧于民族国家”[1]。他们克服困难，坚持完成了编撰，并于1939年出版，前后历时四年余。该书以年表的方式，用中西

〔1〕 陈高佣《中国历代天灾人祸表·编撰缘起》，暨南大学丛书，1939年。

历对照，将各种灾祸的事实按年分栏记载，使读者能够直观地看到天灾与人祸、内忧与外患之间的关系。

邓拓的《中国救荒史》与陈高佣的《中国历代天灾人祸表》是这一时期最为重要的灾害史论著。在民族危亡的关键时刻，灾害史研究的前辈学者为国家命运的存续贡献着自己的力量。由此可见，中国灾害史研究的兴起，无疑有着相当深刻的社会背景。战争离乱一直持续到1949年，其间，文化学者们在动荡的时局里，艰难进行着学术研究。

二　中华人民共和国成立后到1990年前的灾害史研究论著

中华人民共和国成立后，国家开始了大规模的经济建设，工业化开始起步。1953年，第一个五年计划开始实施，同时，苏联拟帮助中国设计并建设156个工业项目。按照苏联的要求，建设厂矿等建筑必须有建设所在地的地震烈度作为参考。年底，为了编订地震烈度，中国科学院由副院长李四光、竺可桢牵头，组织院内外有关专家18人成立了地震工作委员会。地震工作委员会下设四个小组：历史、地震、地质、建筑，分别由范文澜、李善邦、张文佑、梁思成担任负责人。他们的任务即是统筹地震烈度的编订工作，为工矿企业的建立提供参考。

但是，此时我国的地震监测仍处于起步阶段，观测技术无法满足工业化发展的要求。技术不足的无奈，迫使当时的专家们寻找其他的解决途径。有赖于我国编撰史书的传统，传世文献中多有地震发生情况的记载。1954年，在李四光先生的提议下，地震工作委员会决定利用历史资料来编制中国地震烈度，以丰富的历史资料记录来弥补地震测量水平的不足。地震历史资料的搜集工作由历史组著名历史学家范文澜、金毓黻等主持，以中国科学院历史研究所第三所（后改为中国社会科学院近代史研究所）为主体，在相关单位的支持下，历时两年，他们“翻阅了八千余种文献，包括正史、别史、笔记、杂录和诗文集等二千三百余种，地方志五千六百余种”〔1〕，最终编成了两册本《中国地震资料年表》。

第三所搜集资料之时，随时将搜集的结果转到中国科学院地球物理研究所。“在李善邦先生的主持和以莫斯科大学果尔什科夫教授为首的苏联专家们的帮助下，根据历史记载、地质构造资料、宏观地震调查材料及最近六十年仪器记录，编订了中国地震烈度区域划分图，为国家建设部门提供了参考依据。”〔2〕中国地震烈度编撰完成后，即成为国家工业化发展早期建设厂址的重要参考。

在编订地震烈度分布图的过程中，李善邦先生还利用这些资料主持编撰了《中国地震目录》，对中国历史上的地震做了编目，“1900 年以前的地震，主要就以‘中国地震资料年表’的材料为依据。1900 年以后的地震，则更广泛地参考了现代宏观调查资料和仪器观测资料”〔3〕。目录分为两集，第一集对前1189 年到 1955 年我国发生的 1180 个大地震做了编目，第二集则是分县地震目录。

《中国地震资料年表》和《中国地震目录》的编成，充分显示了当时工业化建设需求下，由政府牵头的历史资料编辑

〔1〕 中国科学院地震工作委员会历史组编《中国地震资料年表·编辑“中国地震资料年表”的说明》，科学出版社，1956 年。

〔2〕 李善邦主编《中国地震目录·序二》，科学出版社，1960 年。

〔3〕 李善邦主编《中国地震目录·编辑说明》，科学出版社，1960 年。

工作的高效和及时，也是人文社会工作者和自然科学工作者协同合作的一个范例。但是，《中国地震目录》于1960年印刷以后，仅供内部使用，是不得外传的保密资料。

20世纪50年代末，国家遭受严重的自然灾害，加上与苏联交恶，国内国际形势严峻，经济困难使研究工作进展缓慢。1966年3月，河北邢台突发大地震，惨痛的损失使得全国人民希望能够对地震做出预测以规避灾难。于是地震观测台开始大规模的建设，全国地震灾害的研究也进一步开展。但不久后，"文化大革命"的爆发使工作一度陷入停滞。十年中，混乱的局势对科学研究造成了严重损害，成果寥寥。

1969年前后，李善邦又主持对此前的目录做了补充和修订，"并增加了自1956年到1969年共十四年的地震资料"，"按年代先后分为四册，自1177年至1969年共收录大地震2257次（包括余震）"。[1]此次目录于1971年由科学出版社出版，仍然是内部发行的资料。

此后十年间，我国地震频繁，特别是1976年唐山大地震的发生，深重的灾难使得国家更加重视地震的研究工作。此前1956年出版的《中国地震资料年表》，因时间紧、任务重，所搜集的历史地震资料并不完备，加之20多年来地震观测与研究的进步，对之进行重新增补改编就显得很有必要。

为了进行这项工作，中国社会科学院、中国科学院、国家地震局有关专家和负责人联合组成中国地震历史资料编辑委员会，设立总编室，由谢毓寿、蔡美彪担任主编，各省、区、市也陆续成立了地震历史资料小组，从1978年开始，地震和历史工作者对中国历史上的地震资料进行了重新搜集与整理，搜

〔1〕顾功叙主编《中国地震目录·编辑说明》，科学出版社，1983年。

集范围从公元前约23世纪直到1980年，务求丰富、全面。历时五年，终在1982年搜集完毕。这是集全国之力共同参与的大型工程，搜集的资料除正史、实录、地方志等文献外，还囊括了石刻、题记等实物资料，以及充分使用了中华人民共和国成立以来各地地震台历年观测到的地震资料。1983年，《中国地震历史资料汇编》开始出版，到1987年五卷七册全部出齐，“直至今日仍然是我国最全面、系统的地震史料类书籍”[1]，对我国的地震研究工作发挥着积极作用。

在资料的搜集过程中，编委会曾建议各省、区、市的地震资料小组，将未收入《中国地震历史资料汇编》中的资料加以编辑，出版本地区的地震史料汇编。由此，地震多发的地区在此前后陆续出版了本地区的地震历史资料汇编，可以和《中国地震历史资料汇编》相互参照。[2]各省、区、市出版的地震资料汇编，据不完全统计大致有以下各种：

各省、区、市出版的地震资料汇编（部分）

书名	出版社	出版年份	编著者
广东省地震史料汇编		1979	广东省地震局
吉林省历史地震资料汇编		1979	吉林省历史地震编辑组
福建省地震历史资料汇编		1979	福建省地震历史资料组
浙江省历史地震年表		1979	浙江省历史地震资料编辑组

〔1〕闵祥鹏《方志与我国地震历史资料的编辑整理》，《中国地方志》2012年第10期。

〔2〕谢毓寿、蔡美彪等编《中国地震历史资料汇编·序言》（五卷本），科学出版社，1983—1987年。

续表

书名	出版社	出版年份	编著者
天津地震历史资料汇编初稿		1979	天津地震历史资料工作小组
江苏地震历史资料汇编		1980	江苏省地震局、江苏省地震史料工作小组
河南地震历史资料	河南人民出版社	1980	河南省地震局、河南省博物馆
四川地震资料汇编	四川人民出版社	1980—1981	《四川地震资料汇编》编辑组
西藏地震史料汇编	西藏人民出版社	1982	西藏自治区科学技术委员会、西藏自治区档案馆编译
广西地震志	广西人民出版社	1982	广西地震局历史地震小组
江西地震历史资料	江西人民出版社	1982	江西省地震办公室
湖南地震史	湖南科学技术出版社	1982	湖南省地震局
山东省地震史料汇编（公元前1831年—公元1949年）	地震出版社	1983	山东省地震史料编辑室
安徽地震史料辑注	安徽科技出版社	1983	安徽省人民政府地震局
威海市历史地震资料		1984	威海市城乡建设委员会
新疆维吾尔自治区地震资料汇编	地震出版社	1985	新疆维吾尔自治区地震局
湖北地震史料汇考	地震出版社	1986	湖北地震史料汇考编辑室
宁夏回族自治区地震历史资料汇编	地震出版社	1988	宁夏回族自治区地震局
云南省地震资料汇编	地震出版社	1988	云南省地震局
甘肃省地震资料汇编	地震出版社	1989	国家地震局兰州地震研究所
河北省地震资料汇编	地震出版社	1990	张秀梅主编
山西省地震历史资料汇编	地震出版社	1991	山西省地震局
贵州地震历史资料汇编	贵州科技出版社	1991	贵州省地震办公室

在进行地震历史资料搜集之时，1980年前后由顾功叙担任主编，再一次对此前的地震目录做出修改续编，新的地震目录“对1900年以前的历史地震又重新进行了订正和校补；对仪器记录测定的地震参数，依据原始资料全部逐个进行校核，并分别给出资料来源”〔1〕，同时使用了一些未经发表的地震资料，前后两册分别于1983年、1984年出版发行。

这一时期主要以资料整理为主。一是以政府部门为主导，如地震历史资料汇编，就是在政府主导下，各级相关部门所进行的史料整理工作。二是应对灾害的现实需求，如邢台大地震和唐山大地震的发生，进一步促进了我国地震史料研究工作的开展。

除地震外，1981年出版的《中国近五百年旱涝分布图集》也是这一时期的代表性著作。图集由中央气象局气象科学研究院主持，参与编撰的全国各地区单位共有三十多个。编者将各地区的降水情况分为五个等级，在旱涝等级分布图中划分出各地区某年的涝、偏涝、正常、偏旱或旱的范围，使读者能够清晰地看到该年各地区的旱涝情况。图集“包括我国自1470年至1979年历年旱涝分布图共510幅”，这种“由气候史料转换为旱涝等级并绘成分布图的工作是初次尝试”〔2〕，对后来各种灾情分布图的整理起着重要的作用。

此外，1990年之前还整理了一些具有代表性的资料汇编。如陆人骥编撰的《中国历代灾害性海潮史料》，汇总了我国沿海地区历史时期发生过的灾害性海潮，对于防御海潮灾害、

〔1〕 顾功叙主编《中国地震目录·编辑说明》，科学出版社，1983年。

〔2〕 中央气象局气象科学研究院主编《中国近五百年旱涝分布图集·前言》，地图出版社，1981年。

开发利用海洋资源具有着重要的现实意义。[1]中国社会科学院历史研究所资料编撰组编《中国历代自然灾害及历代盛世农业政策资料》，则是农业灾害的重要资料汇编。[2]水利电力部、水利水电科学研究院自1981年起开始编撰"清代江河洪涝档案史料丛书"。编者利用从中国第一历史档案馆所藏清代奏折中整理出来的有关洪涝、降雨等水利方面的十四万张照片、二万多件抄件资料，摘录出各流域的相关史料，由中华书局先后出版了六册史料汇编。1990年前出版的三册为：《清代海河滦河洪涝档案史料》（1981年）、《清代淮河流域洪涝档案史料》（1988年）和《清代珠江韩江洪涝档案史料》（1988年）；其他三册为：《清代长江流域西南国际河流洪涝档案史料》（1991年）、《清代黄河流域洪涝档案史料》（1993年）和《清代辽河、松花江、黑龙江流域洪涝档案史料·清代浙闽台地区诸流域洪涝档案史料》（1998年）。史料是史学研究的基础，这些资料汇编的整理出版极大便利了学者们研究工作的展开。

三　20世纪90年代的灾害史研究论著

历史研究是一个不断推进的过程，在经过前期的积淀之后，灾害史研究在20世纪90年代终于迎来了繁荣发展。这与当时的时代背景息息相关。改革开放以后，随着经济的发展，人们的思想观念也随之产生了一系列的变化，"史学无用论"一度甚嚣尘上，为了重新审视史学的功用，一批历史学者著书

〔1〕陆人骥编《中国历代灾害性海潮史料》，海洋出版社，1984年。

〔2〕中国社会科学院历史研究所资料编撰组编《中国历代自然灾害及历代盛世农业政策资料》，农业出版社，1988年。

立说，试图彰显史学的经世作用。灾害史著作的大规模出现就与此有关。

1985 年，中国人民大学的李文海、林敦奎、宫明、周源等人发起成立了“近代中国灾荒研究”课题组，开始研究中国近代历史上的灾荒，开辟了中国近代灾荒史这一重要研究领域。随后，李文海等人发表、出版了一系列近代中国灾荒史的论文〔1〕、资料集〔2〕和著作〔3〕。

此外，1987 年召开的第 42 届联合国大会通过了第 169 号决议，决定把 1990 年到 1999 年定为“国际减轻自然灾害十年”。1989 年，在第 44 届联合国大会上又通过了《国际减轻自然灾害十年决议案》和《国际减轻自然灾害十年国际行动纲领》。两次大会上提出的减轻自然灾害的号召，得到了世界上众多国家和机构组织的积极响应。1989 年 4 月，中国成立了中国国际减灾十年委员会，制定了减灾的目标和任务，响应联合国减灾的号召，积极开展减灾活动。

在这种形势下，1989 年国家科学技术委员会社会发展科技司组织七个部局，进行了“全国重大自然灾害调查、研究与减灾对策”的研究项目，经过几年的努力，先后发布了《中

---

〔1〕李文海《论近代中国灾荒史研究》,《中国人民大学学报》1988 年第 6 期;《中国近代灾荒与社会生活》,《近代史研究》1990 年第 5 期;《清末灾荒与辛亥革命》,《历史研究》1991 年第 5 期;《晚清诗歌中的灾荒描写》,《清史研究》1992 年第 4 期;《晚清义赈的兴起与发展》,《清史研究》1993 年第 3 期;《甲午战争与灾荒》,《历史研究》1994 年第 6 期;《进一步加深和拓展清代灾荒史研究》,《安徽大学学报》2005 年第 6 期等。

〔2〕李文海等《近代中国灾荒纪年》，湖南教育出版社，1990 年。李文海等《近代中国灾荒纪年续编：1919—1949》，湖南教育出版社，1993 年。

〔3〕李文海、周源《灾荒与饥馑：1840—1919》，高等教育出版社，1991 年；李文海等《中国近代十大灾荒》，上海人民出版社，1994 年。

国重大自然灾害及减灾对策》“分论”“总论”和“年表”[1]。1991年，由水利部统一部署，在全国范围内开展了水旱灾害调查，全国各大流域和各省、区、市陆续公布了调查成果，这就是“中国水旱灾害系列专著”，包括：《黄河流域水旱灾害》（1996年）、《山西水旱灾害》（1996年）、《中国水旱灾害》（1997年）、《河南水旱灾害》（1999年）、《长江流域水旱灾害》（2002年）等。

在学者们的共同努力下，中国的灾害史研究进入了快速发展的阶段，相关研究成果不断涌现。几部重要的通论性著作在此时出现。1997年，由高文学主编的《中国自然灾害史（总论）》出版，该书是在中国灾害防御协会的组织下，由相关部局的专家们共同编写，前后历时三年，其目的是通过研究我国历史上的自然灾害，“以进一步认识灾害规律，提出切合我国实际情况的减灾对策”[2]。书中对我国各个历史时期发生的气象、旱涝、海洋、地震、农业、森林等方面的自然灾害分别做了详细论述，还进一步研究了灾害的防御与灾后救助措施。此外，孟昭华的《中国灾荒史记》和高建国的《中国减灾史话》也是其中的重要著作。[3]这些著作注重从整体对中国历史时期的灾害进行研究。同时，专论某一区域的著作也在这时出现，那就是袁林的《西北灾荒史》。[4]书中对西北地区（陕西、甘

[1] 国家科委全国重大自然灾害综合研究组编《中国重大自然灾害及减灾对策（分论）》，科学出版社，1993年；《中国重大自然灾害及减灾对策（总论）》，科学出版社，1994年；《中国重大自然灾害及减灾对策（年表）》，海洋出版社，1996年。

[2] 高文学主编《中国自然灾害史（总论）·前言》，地震出版社，1997年。

[3] 孟昭华《中国灾荒史记》，中国社会出版社，1999年；高建国《中国减灾史话》，大象出版社，1999年。

[4] 袁林《西北灾荒史》，甘肃人民出版社，1994年。

肃、宁夏、青海、新疆）发生的各类灾害事件做了详尽研究，是区域灾害史研究的典范之作。

在《西北灾荒史》出版之际，中国国际减灾十年委员会、武汉大学和湖南人民出版社于1994年10月共同发起编辑、出版“中国灾害研究丛书”的计划，丛书由马宗晋和郑功成担任主编，旨在“为政府与社会认识灾害问题、减轻灾害影响提供理论依据，树立国民的灾害意识与减灾意识，促进灾害学科的创立与健康发展”[1]。到1998年，十二册全数得以出版[2]。其中张建民、宋俭在《灾害历史学》中提出“灾害历史学是关于灾害历史的学问”[3]，并在书中指出了灾害史研究的方法及目的。

当然，这一时期灾害资料汇编、图集编撰等也有很多新成果。资料汇编中除李文海等人发表的近代灾荒资料外，较有代表性的还有宋正海的《中国古代重大自然灾害和异常年表总集》[4]、张波等人编撰的《中国农业自然灾害史料集》[5]、李采芹主编的三卷本《中国火灾大典》[6]等。图集的编撰也取得了一些进展。由国家地震局地球物理研究所、复旦大学中国历史

〔1〕张建民、宋俭《灾害历史学·编辑、出版前言》，湖南人民出版社，1998年。

〔2〕分别为：张建民、宋俭《灾害历史学》，马宗晋、张业成《灾害学导论》，王子平《灾害社会学》，张家诚、周魁一、杨华庭、张宝元《中国气象洪涝海洋灾害》，李鄂荣、姚清林《中国地质地震灾害》，曾国安《中国交通灾害》，郑功成《灾害经济学》，刘波、姚清林、卢振恒、马宗晋《灾害管理学》，许飞琼《灾害统计学》，曾国安《灾害保障学》，廖皓磊、鲁业生、傅明华《灾害医学》，隋鹏程《中国矿山灾害》等。

〔3〕张建民、宋俭《灾害历史学》，湖南人民出版社，1998年，第2页。

〔4〕宋正海《中国古代重大自然灾害和异常年表总集》，广东教育出版社，1992年。

〔5〕张波等编《中国农业自然灾害史料集》，陕西科学技术出版社，1994年。

〔6〕李采芹主编《中国火灾大典》（全三册），上海科学技术出版社，1997年。

地理研究所主编的中国远古至清时期的三册地震图集相继出版。[1]由张兰生担任主编的《中国自然灾害地图集》，则对中国主要自然灾害的分布范围等情况做了划分。[2]此外，由范宝俊主编，中国国际减灾十年委员会办公室编写的《灾害管理文库》，1999年由当代中国出版社出版，《文库》共十卷十四册，"全面系统地收集了已有的关于自然灾害的重要历史资料，具有重要学术价值理论著作，在防灾、抗灾、救灾方面具有重要实际借鉴意义的专著文章"[3]，是对以往灾害历史资料及研究专著的一次汇总。

四　21世纪以来的灾害史研究论著

进入21世纪，灾害史的研究进入了更加多元的阶段，各类灾害史研究著作相继出版，不足20年的时间里，已经取得了丰硕的成果。以发展的眼光而论，灾害史研究无疑进入了"繁荣期"。这一阶段的灾害史研究，无论是从方式、角度还是视野等来说，都取得了一定的突破与进展，研究者们对灾害史的各个方面都进行了积极探究。学界已经有大量的灾害史研究综述性文章，分别从不同的立足点对相关的研究面向做

〔1〕国家地震局地球物理研究所、复旦大学中国历史地理研究所主编《明时期中国历史地震图集》，地图出版社，1986年；《远古至元时期中国历史地震图集》，中国地图出版社，1990年；《清时期中国历史地震图集》，中国地图出版社，1990年。

〔2〕中国人民保险公司、北京师范大学主编《中国自然灾害地图集》，科学出版社，1992年。

〔3〕范宝俊主编，中国国际减灾十年委员会办公室编《灾害管理文库·导言》，当代中国出版社，1999年。

了统计，如总结某个朝代的灾害研究[1]、汇集某个区域的灾害研究[2]或是综述专题性的灾害研究[3]等，使我们能够快速把握到学界的动态。此外，海外学者对中国灾害史的研究也值得重

〔1〕刘春雨《东汉自然灾害史研究综述》，《华北水利水电学院学报》（社科版）2008年第5期；刘继宪《20世纪以来魏晋南北朝灾害史研究综述》，《和田师范专科学校学报》2006年第1期；吴孔军《两晋十六国荒政述评》，《淮北职业技术学院学报》2006年第2期；么振华《唐代自然灾害及救灾史研究综述》，《中国史研究动态》2004年第4期；李殷《近30年唐宋灾害应对的回顾与思考》，《宋史研究论丛》2017年第2期；廖玉凤《宋代自然灾害史研究综述》，《防灾科技学院学报》2018年第2期；朱浒《二十世纪清代灾荒史研究述评》，《清史研究》2003年第2期；胡刚《清代民国灾害史研究综述》，《防灾科技学院学报》2015年第4期；阎永增、池子华《近十年来中国近代灾荒史研究综述》，《唐山师范学院学报》2001年第1期；薛辉、陈亚南《继承与创新：近30年来中国近代灾荒史研究概述——环境社会学的思考》，《防灾科技学院学报》2014年第2期；苏全有、王宏英《民国初年灾荒史研究综述》，《防灾技术高等专科学校学报》2006年第1期；武艳敏《五十年来民国救灾史研究的回顾与展望》，《郑州大学学报》（哲学社会科学版）2007年第3期；欧阳晴《民国自然灾害史研究综述》，《防灾科技学院学报》2008年第4期；文姚丽《民国灾荒史研究述评》，《社会保障研究》2012年第1期等。

〔2〕苏全有、闫喜琴《20年来近代华北灾荒史研究述评》，《南通航运职业技术学院学报》2005年第2期；郎元智《近代东北灾荒史研究：综述与展望》，《辽东学院学报》（社会科学版）2010年第2期；包庆德《清代内蒙古地区灾荒研究状况之述评》，《中央民族大学学报》（哲学社会科学版）2003年第5期。苏全有、李风华《民国时期河南灾荒史研究述评》，《南华大学学报》（社会科学版）2005年第1期；汪志国《20世纪以来安徽自然灾害史研究综述》，《池州师专学报》2006年第1期；阿利亚·艾尼瓦尔《清代新疆自然灾害研究综述》，《中国史研究动态》2011年第6期；龚俊文《二十世纪以来福建灾害史研究述评》，《防灾科技学院学报》2017年第3期等。

〔3〕吴滔《建国以来明清农业自然灾害研究综述》，《中国农史》1992年第4期；余新忠《1980年以来国内明清社会救济史研究综述》，《中国史研究动态》1996年第9期；卜风贤《中国农业灾害史研究综论》，《中国史研究动态》2001年第2期；于运全《20世纪以来中国海洋灾害史研究评述》，《中国史研究动态》2004年第12期；邵永忠《二十世纪以来荒政史研究综述》，《中国史研究动态》2004年第3期等。

视。[1]同时，为了推动灾害史研究的发展，不少学者已经开始思考新的领域。[2]

灾害史研究在这一阶段的发展得益于研究队伍的不断扩大。随着灾害史研究的逐渐发展，一些学者开始涉足这一研究领域，更关键的是一批从硕士、博士期间就开始研究灾害史的青年学者为灾害史研究注入的新鲜血液。21世纪前后灾害史研究相关的博士学位论文呈现出一种“井喷”的态势。据统计，从2000年至2008年，国内灾害史博士学位论文高达42篇[3]，其中大多数都得以出版发行。

近年来，当初的这一批青年学者已经成长为灾害史研究的中坚力量，在灾害史研究领域发挥着举足轻重的作用。随着一批批灾害史研究者对中国灾害问题的探索与思考，中国灾害史的研究不断取得新的研究成果。21世纪以来的灾害史研究，或可从以下几个方面略窥一斑。

---

〔1〕艾志端著，杜涛译《海外晚清灾荒史研究》，《中国社会科学报》2010年7月22日。

〔2〕夏明方《中国灾害史研究的非人文化倾向》，《史学月刊》2004年第3期；郝平《从历史中的灾荒到灾荒中的历史——从社会史角度推进灾荒史研究》，《山西大学学报》（哲学社会科学版）2010年第1期；余新忠《文化史视野下的中国灾荒研究刍议》，《史学月刊》2014年第4期；陈业新《深化灾害史研究》，《上海交通大学学报》（哲学社会科学版）2015年第1期；卜风贤《历史灾害研究中的若干前沿问题》，《中国史研究动态》2017年第6期；闵祥鹏《回归灾害本位与历史问题：中古灾害史研究的范式转变与路径突破》，《史学月刊》2018年第6期等。

〔3〕数据来源：中国人民大学清史研究所“中国灾荒史论坛”，http://www.iqh.net.cn/ZHindex.asp?column_cat_id=2。42篇中：2000年2篇、2001年3篇、2002年5篇、2003年8篇、2004年6篇、2005年2篇、2006年1篇、2007年5篇、2008年10篇。此外，2000年以前尚有4篇，分别是1991年、1995年、1998年和1999年各1篇。

（一）断代、区域与专题灾害史

21世纪，灾害史研究已经走入了“精”和“细”的阶段，研究者研究的内容更加具体，在各类灾种、救灾、社会应对等方面均做出了成果。其中明显的趋势就是断代灾害史著作纷纷出现，具体有：陈业新、王文涛和段伟等人对秦、两汉的研究，李辉等人对北朝的研究，闵祥鹏、么振华等人对唐代的研究，张文、石涛和李华瑞等人对宋代的研究，王培华等人对元代的研究，鞠明库等人对明代的研究，郝平等人对清代的研究，康沛竹、夏明方和朱浒等人对晚清、民国的研究。对中国历史上各个朝代的灾害史研究，大体都已经有专著问世，其中袁祖亮先生主编的八卷本《中国灾害通史》[1]，是对先秦到清代灾害史的整体研究，尤为可贵。

区域性的灾害史研究也日益加深。曹树基曾概括灾荒史研究的基本理念：“灾荒史首先是区域史”[2]，说明区域灾害史研究的重要性。王林《山东近代灾荒史》[3]、陈业新《明至民国时期皖北地区灾害环境与社会应对研究》[4]、汪志国《近代安徽：自然灾害重压下的乡村》[5]等即是对区域灾害史进行研究的著作。

---

〔1〕袁祖亮主编《中国灾害通史》（8卷），郑州大学出版社，2008—2009年。其中：先秦卷（刘继刚）、秦汉卷（焦培民、刘春雨、贺予新）、魏晋南北朝卷（张美莉、刘继宪、焦培民）、隋唐五代卷（闵祥鹏）、宋代卷（邱云飞）、元代卷（和付强）、明代卷（邱云飞、孙良玉）、清代卷（朱凤祥）。

〔2〕曹树基主编《田祖有神：明清以来的自然灾害及其社会应对机制·序》，上海交通大学出版社，2007年。

〔3〕王林《山东近代灾荒史》，齐鲁书社，2004年。

〔4〕陈业新《明至民国时期皖北地区灾害环境与社会应对研究》，上海人民出版社，2008年。

〔5〕汪志国《近代安徽：自然灾害重压下的乡村》，安徽人民出版社，2008年。

专题灾害史则将研究视角聚焦在某一种类型的灾害上。水旱灾害是我国古代最常见、也是对人民造成最大伤害的灾种，各类灾害史著作都绕不开对水旱灾害的研究，因此涉及水旱灾害的著作一直不曾衰减，专题研究水旱的著作也较为多见，如苏新留、彭安玉等人的研究[1]。对瘟疫的研究也占据了很重要的位置，中国历史上发生大灾之后，因为救济不力等因素经常会导致瘟疫随之而发生，而古代医护水平较为落后，一旦发生瘟疫往往造成民众的大量死亡。2003年，“非典”侵袭中国，造成了极大的灾难与恐慌，此时余新忠的著作《清代江南的瘟疫与社会》恰好出版[2]。此后，随着人们对疫病研究的重视，瘟疫这一灾种逐渐成为学者们研究的一个主要方向，取得了可观的成果。[3]另外，近代中国的历史上有一个灾害救助组织曾发挥过重要的作用，那就是华洋义赈会。华洋义赈会是国际化

---

〔1〕苏新留《民国时期河南水旱灾害与乡村社会》，黄河水利出版社，2004年；彭安玉《明清苏北水灾研究》，内蒙古人民出版社，2006年；李勤《二十世纪三十年代两湖地区水灾与社会研究》，湖南人民出版社，2008年；董煜宇《两宋水旱灾害技术应对措施研究》，上海交通大学出版社，2016年；于春英《清代东北地区水灾与社会应对》，社会科学文献出版社，2016年；杜俊华《20世纪40年代重庆水灾救治研究》，重庆大学出版社，2016年等。

〔2〕余新忠《清代江南的瘟疫与社会：一项医疗社会史的研究》，中国人民大学出版社，2003年。

〔3〕余新忠等《瘟疫下的社会拯救：中国近世重大疫情与社会反应研究》，中国书店，2004年；赖文、李永宸《岭南瘟疫史》，广东人民出版社，2004年；邓铁涛主编《中国防疫史》，广西科学技术出版社，2006年；曹树基、李玉尚《鼠疫：战争与和平——中国的环境状况与社会变迁（1230—1960）》，山东画报出版社，2006年；焦润明《清末东北三省鼠疫灾难及防疫措施研究》，北京师范大学出版社，2011年；韩毅《宋代瘟疫的流行与防治》，商务印书馆，2015年；杨鹏程等《湖南疫灾史：至1949年》，湖南人民出版社，2015年；陈旭《明代瘟疫与明代社会》，西南财经大学出版社，2016年；余新忠《清代卫生防疫机制及其近代演变》，北京师范大学出版社，2016年等。

的救灾组织，对这一组织的研究也较为多见。早在 20 世纪 60 年代美国学者黎安友（Andrew James Nathan）就已经进行过相关的研究，出版了《中国华洋义赈救灾总会史》一书。[1] 进入 21 世纪，薛毅、章鼎、黄文德、蔡勤禹等人又分别从不同的角度对华洋义赈会做了探讨[2]，这些研究使我们充分了解了华洋义赈会这一组织，以及近代中西交流之后灾害救助形式的转变。

必须指出的是，断代、区域与专题的灾害史研究并不是相互割裂的，它们之间有着紧密的联系。因为灾害本身的特性，一本研究灾害的著作很可能就是断代史下的区域专题灾害史。

（二）环境史、新文化史、社会史视野下的灾害史

灾害史研究自邓拓《中国救荒史》出版以来，就一直遵循着对防灾备灾、灾害成因、救灾过程、灾后救助和灾害思想等方面的探讨，这本是灾害史研究的主要内容，但是随着灾害史研究的不断推进，这种模式似乎已经成为制约灾害史研究进一步发展的桎梏，灾害史的研究应该关注这些内容，但是不应该将目光仅仅局限在这里。近年来，研究固化问题已经受到很多灾害史研究者的批判，他们分别从各自的研究视野出发提出了不同的解决之道。但如何突破这种研究藩篱，至今仍然是学者们不断在思考的问题。

---

〔1〕 Andrew James Nathan, *A History of the China International Famine Relief Commission*, Cambridge: Harvard University Press, 1965.

〔2〕 薛毅、章鼎《章元善与华洋义赈会》，中国文史出版社，2002 年；黄文德《非政府组织与国际合作在中国：华洋义赈会之研究》，台北秀威资讯科技，2004 年；蔡勤禹《民间组织与灾荒救治：民国华洋义赈会研究》，商务印书馆，2005 年；薛毅《中国华洋义赈救灾总会研究》，武汉大学出版社，2008 年等。

21世纪以来灾害史研究有一个明显的趋势，就是视角的多元化，研究者们不再将目光仅仅聚焦在灾害的预防、救助等内容，而是开始尝试引入新的研究方法，例如社会史、环境史、新文化史等，以一种新的史观或者说是在“新史学”[1]的研究视野下来进行研究。这其实是与史学领域研究视角的转变有关，改革开放以后，随着中国社会的变革，历史研究随之产生了一系列的变化。灾害史研究在1990年左右兴起后，很快迎来了新的发展，即将环境史、新文化史、社会史等研究方法引入灾害史研究。

20世纪70年代，环境史在美国兴起，90年代开始逐渐传入中国。中国较早的环境史论著是在台湾出版的刘翠溶和伊懋可（Mark Elvin）主编的《积渐所至：中国环境史论文集》，这部论文集将环境史这一新的历史研究视角介绍到了中国，其中也有一些论文是对疫病和水灾的研究。[2]这部论文集对中国史学界产生了重要的影响，夏明方等学者就是通过这个渠道最先关注到了环境史，并将其研究方法运用于灾害史的研究。夏明方在博士论文《灾害、环境与民国乡村社会》中，就有意识地将灾害史与环境史的研究相结合，2000年夏明方出版的《民国时期自然灾害与乡村社会》一书，就是在博士论文的基础上修改编订的。此后，出现了很多利用环境史视角来研究灾害史的论著。之后又有生态史观的概念被提出，但是就目前学界的研究现状来看，环境史与生态史大多时候被混为一谈，或者将

---

〔1〕1902年，梁启超发表《新史学》一文，批评传统史学的治学方法，强调关注人民群众的历史，倡导“史界革命”，书写大众的历史，一直被认为是中国史学界转变的大事件。梁启超虽然没有明确提出后来出现的种种被冠以“社会史”“新文化史”等头衔的历史研究方法，但是这些史学研究方式，无疑就是对梁启超观点的继承与发扬。

〔2〕刘翠溶、伊懋可《积渐所至：中国环境史论文集》，台北“中央研究院”经济研究所，1995年。

生态史视为一种相较于环境史视野更加开阔的研究方法。

新文化史同样于20世纪70年代兴起，甫一出现，就对欧美史学界产生了巨大的影响。新文化史的相关概念可以参看美国学者艾志端（Kathryn Edgerton-Tarpley）等人的介绍[1]，艾志端是运用新文化史研究中国灾害问题的代表学者，其代表作《铁泪图：19世纪中国对于饥馑的文化反应》是第一部运用新文化史方法研究中国灾害的著作[2]。

另外，在灾害史研究的发展过程中，逐渐有部分学者将灾害史与社会史相结合，探寻灾害发生背后的社会因素，或是灾害对社会变迁造成的影响，如蔡勤禹、苏新留、汪汉忠、张崇旺、李军、赵晓华、马俊亚、杨向艳、吴媛媛、张高臣、赵玉田等。2010年，郝平发表了《从历史中的灾荒到灾荒中的历史——从社会史角度推进灾荒史研究》一文，指出了从社会史角度研究灾害史的路径与方法。[3]随后，他出版了《大地震与明清山西乡村社会的变迁》，通过考察明嘉靖三十四年华县大地震、清康熙三十四年临汾大地震和嘉庆二十年平陆强地震后山西社会各阶层民众的应对来阐释社会的发展变迁，是社会史研究的代表作。[4]

灾害史研究不同于其他的历史研究，有其自身的独特特点，那就是与其他学科的联系更加紧密，无论是与历史研究中

---

〔1〕艾志端著，张霞译《饥饿符号学：从新文化史看灾害史研究》，见夏明方、郝平主编《灾害与历史》（第一辑），商务印书馆，2018年，第1—18页。

〔2〕Kathryn Edgerton-Tarpley，*Tears From Iron*：*Cultural Responses to Famine in Nineteenth-Century China*，University of California Press（艾志端著，曹曦译《铁泪图：19世纪中国对于饥馑的文化反应》，江苏人民出版社，2011年）。

〔3〕郝平《从历史中的灾荒到灾荒中的历史——从社会史角度推进灾荒史研究》，《山西大学学报》（哲学社会科学版）2010年第1期。

〔4〕郝平《大地震与明清山西乡村社会的变迁》，人民出版社，2014年。

的社会史、环境史、文化史、新文化史等分支，还是与其他人文学科中的社会学、文学、民俗学等，甚或是与自然学科中的气候学、地理学等，这种特性决定了在灾害史的研究过程中必须坚持与其他学科相结合的方式。早在1983年，黎澍就曾经指出："现代科学的发展，要求社会科学工作者注意汲取自然科学研究的新成果和新方法，也要求自然科学工作者注意采用社会科学研究的新观点和新材料"〔1〕，学术的发展要求学术研究不应受学科局限，灾害史研究如果"一定要将其归属到某一学科的'门墙'之内，未必有利于其健康顺利发展"〔2〕。因此，必须将灾害史的研究置于多种研究视野之下。

（三）典型灾害案例的研究

灾害案例的研究是灾害史研究的一种重要形式，受到很多学者的提倡。以某次灾害作为整体的研究对象，能够对灾害事件进行系统而全面的探讨。但是就目前来看，这种灾害史研究方式似乎还不是学界的主流。

欧美学界对灾害案例的研究成果，集中表现在对1845年到1849年的爱尔兰大饥荒的研究，学者们从多个角度对爱尔兰大饥荒进行了深入探讨。中国是一个多灾多难的国家，历史上造成过重大灾难的灾害不胜枚举，但是对其中典型灾害的研究却并不多见，最为显著的是对丁戊奇荒的研究。

爆发于19世纪70年代的丁戊奇荒曾造成一千多万人的死亡，其受灾范围之广、受灾人数之多世所罕见，因而被称为"千古奇灾"。时人曾对此做了大量的记载，百年后人们重新审

〔1〕谢毓寿、蔡美彪等编《中国地震历史资料汇编·序言》（五卷本），科学出版社，1983—1987年。

〔2〕张建民、宋俭《灾害历史学》，湖南人民出版社，1998年，第4页。

视这场灾祸时，就有了得天独厚的条件。英国学者博尔（Paul Richard Bohr）在1972年出版了《李提摩太之救荒事业与变法思想》，书中将重点放在传教士李提摩太身上，着重探讨李提摩太在此次灾荒中的作用。[1]随后香港学者何汉威也对这次灾荒进行过详细的研究[2]，国内较早对这一灾荒进行系统研究的应是李文海、夏明方等人[3]，但当时丁戊奇荒并未成为学者们的研究热点。

2000年后，关于丁戊奇荒的研究开始增多，出现了很多相关的论著。因丁戊奇荒主要发生在山西，郝平立足于山西大学历史系，从硕士、博士阶段就开始关注丁戊奇荒，对这场特大灾难进行了多角度的探讨，发表了一系列的相关论文[4]，后来还出版了专著《丁戊奇荒：光绪初年山西灾荒与救济研究》[5]。2008年，美国学者艾志端在其著作《铁泪图》中，从新文化史的角度对丁戊奇荒进行了研究，书中的第三部分"饥饿的图像：影像、神话和幻觉"，对饥荒中家庭、性别（主要

---

〔1〕Paul Richard Bohr, *Famine in China and The Missionary: Timothy Richard as Relief Administrator and Advocate of National Reform(1876—1884)*, Cambridge: Harvard University Press, 1972.

〔2〕何汉威《光绪初年（1876—1879）华北的大旱灾》，香港中文大学出版社，1980年。

〔3〕夏明方《也谈"丁戊奇荒"》,《清史研究》1992年第2期；夏明方《清季"丁戊奇荒"的赈济及善后问题初探》,《近代史研究》1993年第2期；李文海等《中国近代十大灾荒》，上海人民出版社，1994年，第80—113页等。

〔4〕郝平《山西"丁戊奇荒"述略》,《山西大学学报》(哲学社会科学版)，1999年第1期;《山西"丁戊奇荒"的人口亡失情况》,《山西大学学报》（哲学社会科学版）2001年第6期;《山西"丁戊奇荒"并发灾害述略》,《晋阳学刊》2003年第1期;《山西"丁戊奇荒"的时限和地域》,《中国农史》2003年第2期等。

〔5〕郝平《丁戊奇荒：光绪初年山西灾荒与救济研究》，北京大学出版社，2012年。

是女性）和食人等进行研究，是解读饥荒的一种新视角[1]。此外，朱浒也撰文探讨过丁戊奇荒的相关问题[2]。在学者们的关注下，有关丁戊奇荒的研究不断被充实。

1910—1911 年一场发生在今东北地区的鼠疫也曾一度受到学者的关注。这场暴发在清末，造成六万多人死亡的鼠疫，因清政府迅速而有效的措施在短时间内被扑灭，伍连德也因为对鼠疫的研究以及在控制这次鼠疫中发挥的作用在此后受到人们的尊崇。中国第一历史档案馆曾刊布了此次鼠疫的档案史料[3]，一些研究者也发表了相关的论著，焦润明就对此次事件做出了详细的研究[4]。正是在这次救灾中，公共卫生防疫等现代医学观念开始逐渐被中国人所接受。

五　结　语

灾害史研究勃兴八十余年，成果越来越丰富，梳理灾害史研究的路程与发展，能够清晰地看到这样一种趋势，那就是

---

〔1〕Kathryn Edgerton-Tarpley, *Tears From Iron: Cultural Responses to Famine in Nineteenth-Century China*, University of California Press（艾志端著，曹曦译《铁泪图：19 世纪中国对于饥馑的文化反应》，江苏人民出版社，2011 年）。

〔2〕朱浒《“丁戊奇荒”对江南的冲击及地方社会之反应——兼论光绪二年江南士绅苏北赈灾行动的性质》，《社会科学研究》2008 年第 1 期；《赈务对洋务的倾轧——“丁戊奇荒”与李鸿章之洋务事业的顿挫》，《近代史研究》2017 年第 4 期。

〔3〕中国第一历史档案馆《清末东北地区爆发鼠疫史料（上）》，《历史档案》2005 年第 1 期；《清末东北地区爆发鼠疫史料（下）》，《历史档案》2005 年第 2 期。

〔4〕焦润明《1910—1911 年的东北大鼠疫及朝野应对措施》，《近代史研究》2006 年第 3 期；《清末东北三省鼠疫灾难及防疫措施研究》，北京师范大学出版社，2011 年。

灾害史研究是一门深受现实影响，又对现实具有指导意义的学问。邓拓《中国救荒史》和陈高佣《中国历代天灾人祸表》出版时，正值国家民族内忧外患之际。中华人民共和国成立后，社会主义经济建设的需要，又使得有关地震、水旱灾害的论著大量涌现。“国际减灾十年”活动的开展，更是推动了灾害史研究蓬勃兴起。21 世纪以来，灾害史研究引入新史观，在多角度的研究视野下，成果愈加丰富而多元。

历史研究本是为了服务现实，推动灾害史研究一次次向前发展的也是现实的需要，反过来，灾害史的研究成果又会对现实社会产生一定的借鉴作用。只有不断地反思历史，才能不再重蹈历史的覆辙。只有了解历史上灾害发生的前因后果，才能最大程度减轻自然灾害发生时造成的损失。《孟子·离娄下》中提到：“禹思天下有溺者，犹己溺之也。稷思天下有饥者，犹己饥之也。”〔1〕尽管现在我们衣食富足，不再受饥寒之苦，现代科学的发展也使得很多灾害不再为虐，但是如何规避灾害仍然是一个任重而道远的命题。

为了促进灾害史研究的发展，中国灾害防御协会灾害史专业委员会迄今为止已经举办了十五届“中国灾害史学术研讨会”，为学者们提供了一个相互交流的平台，其中还有几届年会出版了论文集，嘉惠学林。〔2〕中国灾害史研究尚处于发展阶

〔1〕《孟子注疏》卷 8《离娄下》，见阮元校刻《十三经注疏》，中华书局，1980 年，第 2731 页。

〔2〕周琼、高建国主编《中国西南地区灾荒与社会变迁：第七届中国灾害史国际学术研讨会论文集》，云南大学出版社，2010 年；高岚、黎德化主编《华南灾荒与社会变迁：第八届中国灾害史学术研讨会论文集》，华南理工大学出版社，2011 年；阿利亚·艾尼瓦尔、高建国主编《从内地到边疆：中国灾害史研究的新探索》，新疆人民出版社，2014 年；赵晓华、高建国主编《灾害史研究的理论与方法》，中国政法大学出版社，2015 年等。

段，灾害史研究永不过时，期待新的或者说具有创新意义的研究能够出现，这也是所有致力于灾害史研究的学人共同努力与奋斗的目标。

（作者：徐清）

附录五　中国灾害史研究著作年表

自1937年邓拓先生《中国救荒史》出版以来，中国的灾害史研究已经走过了80多年的历程。80多年来，相关的研究著作层出不穷，有鉴于此，对其进行整体的梳理就显得很有必要，这既是一种学术史的回顾，也代表着后来者对前辈研究成果的继承与重视。经过三年时间，广泛搜集、购买各类灾害史研究著作、史料汇编以及部分罕见的油印本，我们最终形成《中国灾害史研究著作年表》一表，上起民国建立，下至2018年，现将搜集到的学界对于中国历史时期灾害的研究著作大致分为五个方面：

通史类：通论性的著作，从整体上对灾害史进行探讨。

断代史类：专论某一朝代或某一时间段灾害的著作。

区域及专题类：某一区域的灾害史研究，以及专题性质的灾害史著作。

论文集类：会议论文的合集，以及收录多人论文的编集。

资料集类：今人整理的古籍中的灾害史料汇编、政府部门主编的灾害史料汇编，以及某些重要的荒政书汇编。

需要说明的是：一、如此划分只是为了方便制表，并无对灾害史研究内容进行分类的含义，其中一些著作的归类也只是一家之言；二、一般按照著作初版的时间归类；三、对于外文著作，按照原版的出版时间归类，有中译本的则在后注明中译本的出版情况；四、对于某些章节涉及灾害史但本身并非专门的灾害史研究专著的著作，本表暂不收录。

表中本欲囊括这一阶段所有的中国灾害史研究著作，但虽尽力而为，仍不免有遗漏之处，挂一漏万，敬请不吝指正。

1926 年	
通史类	
断代史类	
区域及专题类	Walter H. Mallory, *China: Land of Famine*, New York: American Geographical Society（［美］马罗立著，吴鹏飞译《饥荒的中国》，上海民智书局，1929 年）。
论文集类	
资料集类	
1934 年	
通史类	
断代史类	
区域及专题类	郎擎霄《中国民食史》，商务印书馆。 冯柳堂《中国历代民食政策史》，商务印书馆。
论文集类	
资料集类	
1935 年	
通史类	
断代史类	
区域及专题类	黄泽苍《中国天灾问题》，商务印书馆。
论文集类	
资料集类	
1937 年	
通史类	邓拓《中国救荒史》，商务印书馆。
断代史类	

续表

1937年	
区域及专题类	
论文集类	
资料集类	
1939年	
通史类	
断代史类	
区域及专题类	
论文集类	
资料集类	陈高佣《中国历代天灾人祸表》，暨南大学丛书。
1942年	
通史类	
断代史类	
区域及专题类	王龙章《中国历代灾况与振济政策》，独立出版社。
论文集类	
资料集类	
1945年	
通史类	
断代史类	
区域及专题类	
论文集类	
资料集类	缪荃荪等编《江苏省通志稿：灾异志》。
1948年	
通史类	
断代史类	
区域及专题类	于佑虞《中国仓储制度考》，正中书局。
论文集类	
资料集类	

续表

1956 年	
通史类	
断代史类	
区域及专题类	
论文集类	
资料集类	中国科学院地震工作委员会历史组编《中国地震资料年表》（上下册），科学出版社。
1959 年	
通史类	
断代史类	
区域及专题类	
论文集类	
资料集类	国家档案局明清档案馆编《清代地震档案史料》，中华书局。
1960 年	
通史类	
断代史类	
区域及专题类	
论文集类	
资料集类	李善邦主编《中国地震目录》（全两集），科学出版社。
1961 年	
通史类	
断代史类	
区域及专题类	
论文集类	
资料集类	湖南历史考古研究所编《湖南自然灾害年表》，湖南人民出版社。
1965 年	
通史类	
断代史类	

续表

1965 年	
区域及专题类	Andrew James Nathan, *A History of the China International Famine Relief Commission*, Cambridge: Harvard University Press.
论文集类	
资料集类	
1967 年	
通史类	
断代史类	
区域及专题类	Carl F. Nathan, *Plague Prevention and Politics in Manchuria, 1910~1931*, Harvard: Harvard University Press.
论文集类	
资料集类	
1970 年	
通史类	
断代史类	王德毅《宋代灾荒的救济政策》，台湾“中国学术著作奖助委员会”。
区域及专题类	
论文集类	
资料集类	
1971 年	
通史类	
断代史类	
区域及专题类	
论文集类	
资料集类	中央地震工作小组办公室主编《中国地震目录》(共四册)，科学出版社。
1972 年	
通史类	
断代史类	

续表

1972 年	
区域及专题类	Paul Richard Bohr, *Famine in China and The Missionary: Timothy Richard as Relief Administrator and Advocate of National Reform (1876~1884)*, Cambridge: Harvard University Press.
论文集类	
资料集类	
1973 年	
通史类	
断代史类	
区域及专题类	
论文集类	
资料集类	国家地震局南京地震大队编《宁波“天一阁”馆藏方志·历史地震资料》。 重庆市图书馆编《长江流域重庆至巫山段水文地震历史资料提要索引》。
1974 年	
通史类	
断代史类	
区域及专题类	
论文集类	
资料集类	何光岳编《岳阳地区历史上的自然灾害》(初稿)，岳阳县革命委员会档案馆，油印本。
1975 年	
通史类	
断代史类	
区域及专题类	
论文集类	
资料集类	中央气象局研究所、华北东北十省(市、区)气象局、北京大学地球物理系编《华北、东北近五百年旱涝史料》。 中央气象局研究所、华北东北十省(市、区)气象局、北京大学地球物理系编《华北、东北近五百年旱涝分布图》。

续表

1976 年	
通史类	
断代史类	
区域及专题类	
论文集类	
资料集类	陕西省气象局气象台编《陕西省自然灾害史料》。 江苏省革命委员会水利局编《江苏省近两千年洪涝旱潮灾害年表》(附：江苏省地震年表)。
1977 年	
通史类	
断代史类	
区域及专题类	
论文集类	
资料集类	中国科学院地球物理研究所《中国强地震简目》，地图出版社。 国家基本建设委员会抗震办公室编《中国六级以上地震目录》，中国建筑工业出版社。 地震考古组编《北京地区历史地震资料年表长编》。 福建省天象资料组编《福建省历史上重大自然灾害年表》。
1978 年	
通史类	
断代史类	
区域及专题类	
论文集类	
资料集类	广西壮族自治区第二图书馆编《广西自然灾害史料》。 山东省农科院情报资料室编《山东历代自然灾害志》(全六册)，油印本。 上海市地震局编《上海地区地震历史资料汇编》。 天津历史博物馆古代史组编《我国的寒潮与海冰：气候变迁与华北平原灾害性天气的部分内容》，油印本。

续表

1979 年	
通史类	
断代史类	
区域及专题类	
论文集类	
资料集类	广东省地震局编《广东省地震史料汇编》。 吉林省历史地震编辑组编《吉林省地震历史资料汇编》，油印本。 福建省地震历史资料组编《福建省地震历史资料汇编》。 浙江省历史地震年资料编辑组编《浙江省历史地震年表》。 天津市地震历史资料工作小组编《天津市地震历史资料汇编初稿》，油印本。 中国地震历史资料总编室编《清实录·地震资料》，油印本。 中国地震历史资料总编室编《清代地震档案史料摘录》，铅印本。 中国地震历史资料第四卷编辑组编《民国七年（1918）地震历史资料试编稿》。 湖南省地震历史资料工作小组编《湖南地震史简述及湖南地震资料年表（初稿）》，油印本。
1980 年	
通史类	
断代史类	
区域及专题类	何汉威《光绪初年（1876—1879）华北的大旱灾》，香港中文大学出版社。 Pierre-Étienne Will, *Bureaucratie et Famine en Chine au 18 e siècle*, Paris: Mouton（[法]魏丕信著，徐建青译《十八世纪中国的官僚制度与荒政》，江苏人民出版社，2002 年）。
论文集类	
资料集类	云南省气象科学研究所编《云南天气灾害史料》。 江苏省地震局、江苏省地震史料工作小组编《江苏地震历史资料汇编》。 河南省地震局、河南省博物馆编《河南地震历史资料》，河南人民出版社。

续表

1980年	
资料集类	《四川地震资料汇编》编辑组编《四川地震资料汇编：第一卷》（一九四九年前），四川人民出版社。 重庆市地震办公室编《重庆市及其邻近地区历史地震资料汇编》。 无锡市人民政府地震办公室编《无锡地区地震历史资料》。
1981年	
通史类	
断代史类	
区域及专题类	
论文集类	
资料集类	中央气象局气象科学研究院主编《中国近五百年旱涝分布图集》，地图出版社。 四川省水电厅洪水分析计算办公室编《四川省历史洪水分析研究》，油印本。 《四川地震资料汇编》编辑组编《四川地震资料汇编：第二卷》（一九四九至一九七九年），四川人民出版社。 安徽省气象科学研究所编《安徽省近五百年旱涝分析：1471—1980》。 安徽省水利勘测设计院编《安徽省水旱灾害史料整理分析：公元前190—1949年》。 水利水电科学研究院编《清代海河滦河洪涝档案史料》，中华书局。
1982年	
通史类	
断代史类	
区域及专题类	
论文集类	
资料集类	河南省水文总站编《河南省历代旱涝等水文气候史料：包括旱、涝、蝗、风、雹、霜、大雪、寒、暑》。 河南省水文总站编《河南省历代大水大旱年表》。

续表

1982 年	
资料集类	湖南省气象局气候资料室编《湖南省气候灾害史料：公元前611年至公元1949年》。 西藏自治区科学技术委员会、西藏自治区档案馆编译《西藏地震史料汇编》，西藏人民出版社。 广西地震局历史地震小组编《广西地震志》，广西人民出版社。 江西省地震办公室编《江西地震历史资料》，江西人民出版社。 湖南省地震局编《湖南地震史》，湖南科学技术出版社。 贵州省图书馆编《贵州历代自然灾害年表》，贵州人民出版社。
1983 年	
通史类	
断代史类	
区域及专题类	
论文集类	
资料集类	谢毓寿、蔡美彪等编《中国地震历史资料汇编》（五卷本），科学出版社。 顾功叙主编《中国地震目录：公元前1831年—公元1969年》，科学出版社。 山东省地震史料编辑室编《山东省地震史料汇编（公元前1831年—公元1949年）》，地震出版社。 安徽省人民政府地震局主编《安徽地震史料辑注》，安徽科学技术出版社。 甘肃省水利厅编《甘肃省洪水调查资料》（全五册）。
1984 年	
通史类	
断代史类	
区域及专题类	
论文集类	
资料集类	陆人骥编《中国历代灾害性海潮史料》，海洋出版社。 顾功叙主编《中国地震目录：公元1970—公元1979年》，地震出版社。

续表

1984 年	
资料集类	威海市城乡建设委员会编《威海市历史地震资料·威海市城市抗震基础资料之一》，油印本。 武陟县水利局编志组编《武陟县历代水旱灾害史料》。
1985 年	
通史类	
断代史类	
区域及专题类	
论文集类	
资料集类	河北省旱涝预报课题组编《海河流域历代自然灾害史料》，气象出版社。 穆恒洲主编《吉林省旧志资料类编：自然灾害篇》，吉林文史出版社。 福建省水文总站编《福建省历史洪水分析研究》，油印本。 新疆维吾尔自治区地震局编《新疆维吾尔自治区地震资料汇编》，地震出版社。 西藏自治区历史档案馆等编《灾异志：雪灾篇》，西藏人民出版社。 沧州地区行政公署农林局植保站编《河北省历代蝗灾志》。
1986 年	
通史类	
断代史类	
区域及专题类	张弓《唐朝仓廪制度初探》，中华书局。
论文集类	
资料集类	湖北地震史料汇考编辑室编，熊继平主编《湖北地震史料汇考》，地震出版杜。 国家地震局地球物理研究所、复旦大学中国历史地理研究所主编《明时期中国历史地震图集》，地图出版社。 运城市地方志办公室、档案局编：《运城灾异录》。 永济县档案馆编《永济灾异简志》。 永吉县档案馆编《永吉县自然灾害纪实：1949—1985》。

续表

1987 年	
通史类	
断代史类	
区域及专题类	
论文集类	
资料集类	国家地震局地球物理研究所编，时振梁主编《中国地震考察：第一卷》（1900—1960），地震出版社。 赵宗堂编《中国历史自然灾害资料简编》，油印本。 西藏历史档案馆等编《灾异志：各种灾篇》，西藏人民出版社。 西藏历史档案馆等编《灾异志：雹灾篇》，西藏人民出版社。 温州市江河水利志编辑室编《温州历史水旱灾害资料》。

1988 年	
通史类	
断代史类	
区域及专题类	
论文集类	
资料集类	中国社会科学院历史研究所资料编撰组编《中国历代自然灾害及历代盛世农业政策资料》，农业出版社。 山西省地方志编撰委员会办公室编，张杰主编《山西自然灾害史年表：公元前 730 年—公元 1985 年》。 河南省水文水资源总站编《河南省历史特大洪水分析研究》。 内蒙古自治区人民政府参事室编《内蒙古历代自然灾害史料》。 内蒙古自治区人民政府参事室编《内蒙古历代自然灾害史料续辑》。 宁夏回族自治区地震局编《宁夏回族自治区地震历史资料汇编》，地震出版社。 云南省地震局编《云南地震历史资料汇编》，地震出版社。 戴启天编《福建历史上灾害饥荒瘟疫辑录：公元 318—1948 年》。 江西省水利厅水利志总编辑室编《江西历代水旱灾害辑录》。

续表

1988 年	
资料集类	虞和平编《经元善集》，华中师范大学出版社。 水利电力部水管司、水利水电科学研究院编《清代淮河流域洪涝档案史料》，中华书局。 水利电力部水管司、水利水电科学研究院编《清代珠江韩江洪涝档案史料》，中华书局。
1989 年	
通史类	
断代史类	孟昭华、彭传荣《中国灾荒史（现代部分）：1949～1989》，水利电力出版社。
区域及专题类	胡明思、骆承政主编《中国历史大洪水》（上下册），中国书店。 郭雅儒主编《山西自然灾害》，山西科学教育出版社。 郭涛《四川城市水灾史》，巴蜀书社。 孟昭华、彭传荣编《中国灾荒辞典》，黑龙江科学技术出版社。
论文集类	
资料集类	国家地震局兰州地震研究所编《甘肃省地震资料汇编》，地震出版社。 昆明市地方志编纂委员会编《昆明历史资料：自然灾害录（522～1987）》（第七卷）。
1990 年	
通史类	
断代史类	张水良《中国灾荒史：1927—1937》，厦门大学出版社。
区域及专题类	全国重大自然灾害调研组编，马宗晋主编《自然灾害与减灾600问答》，地震出版社。
论文集类	
资料集类	李文海等《近代中国灾荒纪年》，湖南教育出版社。 国家地震局地球物理研究所、复旦大学中国历史地理研究所主编《远古至元时期中国历史地震图集》，中国地图出版社。

续表

1990 年	
资料集类	国家地震局地球物理研究所、复旦大学中国历史地理研究所主编《清时期中国历史地震图集》，中国地图出版社。 河北省地震局编，张秀梅主编《河北地震资料汇编》，地震出版社。 西藏历史档案馆等编《灾异志：水灾篇》，中国藏学出版社。 西藏历史档案馆等编《灾异志：雹、霜、虫灾篇》，中国藏学出版社。 蔡克明、迟镇乐编《山东灾异史料汇编》（手稿影印件）。 国家地震局地球物理研究所编，时振梁主编《中国地震考察：第二卷》（1961—1970），地震出版社。 苏州市档案馆编《历史上苏州地区自然灾害资料汇编：公元278—1949 年》。
1991 年	
通史类	
断代史类	李文海、周源《灾荒与饥馑：1840—1919》，高等教育出版社。
区域及专题类	
论文集类	中国水利学会水利史研究会、河南省水利学会编《中原地区历史水旱灾害暨减灾对策学术讨论会论文集》。 Pierre-Etienne Will and R. Bin Wong, with James Lee, Jean Oi, and Peter Perdue, *Nourish the People: The State Civilian Granary System in China, 1659-1850*, Ann Arbor: Center for Chinese Studies, University of Michigan.
资料集类	山西省地震局编《山西省地震历史资料汇编》，地震出版社。 贵州省地震办公室编《贵州地震历史资料汇编》，贵州科技出版社。 陈桥驿编《浙江灾异简志》，浙江人民出版社。 水利电力部水管司、科技司、水利水电科学研究院编《清代长江流域西南国际河流洪涝档案史料》，中华书局。 新野县史志编纂委员会编《新野县历代自然灾害年表：公元前二六九七年—公元一九九〇年》。
1992 年	
通史类	

续表

1992 年	
断代史类	
区域及专题类	中国灾害防御协会、国家地震局震害防御司编《中国减灾重大问题研究》，地震出版社。 高凤山编《雁北自然灾害：公元前240年—公元1990年》，气象出版社。
论文集类	王邨编《中原地区历史旱涝气候研究和预测》，气象出版社。 河北省水利厅水利志编辑办公室编，郭宗华主编《河北省历史洪涝灾害规律及减灾对策》。
资料集类	中国人民保险公司、北京师范大学主编《中国自然灾害地图集》，科学出版社。 宋正海《中国古代重大自然灾害和异常年表总集》，广东教育出版社。 国家地震局地球物理研究所编，时振梁主编《中国地震考察：公元前466年—公元1900年》，地震出版社。
1993 年	
通史类	
断代史类	
区域及专题类	卢敬华、杨羽主编《灾害学导论》，四川科学技术出版社。 朱令人主编《新疆减灾四十年》，地震出版社。 梁必骐主编《广东的自然灾害》，广东人民出版社。 黄文等编《福建旱涝灾害》，福建科学技术出版社。 国家科委全国重大自然灾害综合研究组编《中国重大自然灾害及减灾对策（分论）》，科学出版社。 陕西省减灾协会编《陕西省重大自然灾害综合研究及防御对策》，陕西科学技术出版社。
论文集类	
资料集类	李文海等《近代中国灾荒纪年续编：1919—1949》，湖南教育出版社。 李国祥、杨昶主编，吴柏森等编《明实录类纂：自然灾异卷》，武汉出版社。 水利部长江水利委员会、重庆市文化局、重庆市博物馆编《四川两千年洪灾史料汇编》，文物出版社。

续表

1993 年	
资料集类	水利电力部水管司、科技司，水利水电科学研究院编《清代黄河流域洪涝档案史料〔附山东省诸河、西北内陆河（湖）〕》，中华书局。 宜宾市人民政府办公室编《宜宾市自然灾害史》。
1994 年	
通史类	
断代史类	李文海等《中国近代十大灾荒》，上海人民出版社。
区域及专题类	袁林《西北灾荒史》，甘肃人民出版社。 国家科委全国重大自然灾害综合研究组编《中国重大自然灾害及减灾对策（总论）》，科学出版社。 张鸿猷主编《新疆鼠疫》，地方病通报编辑部。
论文集类	
资料集类	张波等编《中国农业自然灾害史料集》，陕西科学技术出版社。 蔡克明编《胶东半岛自然灾害史料》，地震出版社。 王琳乾《潮汕自然灾害纪略：714—1990》，广东人民出版社。 赵明奇主编《徐州自然灾害史》，气象出版社。
1995 年	
通史类	
断代史类	李向军《清代荒政研究》，中国农业出版社。
区域及专题类	
论文集类	
资料集类	国家地震局震害防御司编《中国历史强震目录（公元前 23 世纪—公元 1911 年）》，地震出版社。 承德市档案馆编《承德两千年自然灾害史记》。 临沂档案馆编《临沂历代灾情史录》。 周孝刚《宜宾自然灾害史》。
1996 年	
通史类	
断代史类	

续表

1996 年	
区域及专题类	李向军《中国救灾史》，广东人民出版社、华夏出版社。 楼宝棠主编《中国古今地震灾情总汇》，地震出版社。 黄河流域及西北片水旱灾害编委会编《黄河流域水旱灾害》，黄河水利出版社。 山西省水利厅水旱灾害编委会编《山西水旱灾害》，黄河水利出版社。 山东省水利厅水旱灾害编委会编《山东水旱灾害》，黄河水利出版社。 甘肃水旱灾害编委会编《甘肃水旱灾害》，黄河水利出版社。 四川省水利电力厅编《四川水旱灾害》，科学出版社。 王振忠《近 600 年来自然灾害与福州社会》，福建人民出版社。 国家科委全国重大自然灾害综合研究组编《中国重大自然灾害及减灾对策（年表）》，海洋出版社。 Carol Benedict, *Bubonic Plague in Nineteenth-Century China*, California: Stanford University Press（[美]班凯乐著，朱慧颖译《十九世纪中国的鼠疫》，中国人民大学出版社，2015 年）。
论文集类	
资料集类	
1997 年	
通史类	高文学主编《中国自然灾害史（总论）》，地震出版社。
断代史类	
区域及专题类	中国科学院大气物理研究所等编《中国气候灾害分布图集》，海洋出版社。 国家防汛抗旱总指挥部办公室、水利部南京水文水资源研究所编《中国水旱灾害》，中国水利水电出版社。 广东省防汛防旱防风总指挥部、广东省水利厅编《广东水旱风灾害》，暨南大学出版社。 尹钧科等《北京历史自然灾害研究》，中国环境科学出版社。
论文集类	

续表

1997年	
资料集类	李采芹主编《中国火灾大典》（全三册），上海科学技术出版社。 全国蝗区勘察与治理研究协作组编《中国历代蝗灾记载汇编：公元前707年—公元1995年》。 吕梁行署地震局编《吕梁地区地震历史资料汇编》。
1998年	
通史类	
断代史类	
区域及专题类	张建民、宋俭《灾害历史学》，湖南人民出版社。 马宗晋等《灾害学导论》，湖南人民出版社。 王子平《灾害社会学》，湖南人民出版社。 张家诚等《中国气象洪涝海洋灾害》，湖南人民出版社。 张剑光《三千年疫情》，江西高校出版社。 邱国珍《三千年天灾》，江西高校出版社。 安徽省水利厅编《安徽水旱灾害》，中国水利水电出版社。 吉林省水利厅主编《吉林省水旱灾害》，吉林科学技术出版社。 张秉伦、方兆本主编《淮河和长江中下游旱涝灾害年表与旱涝规律研究》，安徽教育出版社。 王景来、杨子汉编《云南自然灾害与减灾研究：献给国际减灾十年》，云南大学出版社。
论文集类	
资料集类	王越主编《北京历史地震资料汇编》，北京专利文献出版社。 水利电力部水管司、科技司，水利水电科学研究院编《清代辽河、松花江、黑龙江流域洪涝档案史料·清代浙闽台地区诸流域洪涝档案史料》，中华书局。
1999年	
通史类	孟昭华《中国灾荒史记》，中国社会出版社。 高建国《中国减灾史话》，大象出版社。
断代史类	
区域及专题类	张波主编《农业灾害学》，陕西科学技术出版社。 刘星主编《新疆灾荒史》，新疆人民出版社。

续表

1999 年	
区域及专题类	陈雪英、毛振培主编《长江流域重大自然灾害及防治对策》，湖北人民出版社。 北京市水利局编《北京水旱灾害》，中国水利水电出版社。 袁志伦主编《上海水旱灾害》，河海大学出版社。 西北内陆河区水旱灾害编委会编《西北内陆河区水旱灾害》，黄河水利出版社。 河南省水利厅水旱灾害专著编辑委员会编《河南水旱灾害》，黄河水利出版社。 辽宁省水文资源勘测局、辽宁省防汛抗旱指挥部办公室编《辽宁水旱灾害》，辽宁科学技术出版社。 贵州省防汛抗旱指挥部办公室、贵州省水文水资源局编《贵州水旱灾害》，贵州人民出版社。 钱钢、耿庆国主编《二十世纪中国重灾百录》，上海人民出版社。
论文集类	
资料集类	中国地震局震害防御司编《中国近代地震目录（公元1912年—1990年）》，中国科学技术出版社。 广东省文史研究馆编《广东省自然灾害史料》，广东科技出版社。 黑龙江省水利厅编《黑龙江省历史大洪水》，黑龙江人民出版社。
2000 年	
通史类	
断代史类	刘仰东、夏明方《灾荒史话》，社会科学文献出版社。 夏明方《民国时期自然灾害与乡村社会》，中华书局。
区域及专题类	郑大玮、张波主编《农业灾害学》，中国农业出版社。 魏光兴、孙昭民主编《山东省自然灾害史》，地震出版社。
论文集类	
资料集类	
2001 年	
通史类	

续表

2001 年	
断代史类	夏明方、康沛竹主编《20 世纪中国灾变图史》，福建教育出版社。
区域及专题类	张文《宋朝社会救济研究》，西南师范大学出版社。 谢永刚《中国近五百年重大水旱灾害：灾害的社会影响及减灾对策研究》，黑龙江科学技术出版社。 天津市水利局编《天津水旱灾害》，天津人民出版社。 广东省地方史志编纂委员会编《广东省志·自然灾害志》，广东人民出版社。
论文集类	复旦大学历史地理研究中心主编《自然灾害与中国社会历史结构》，复旦大学出版社。
资料集类	
2002 年	
通史类	
断代史类	康沛竹《灾荒与晚清政治》，北京大学出版社。
区域及专题类	宋正海等《中国古代自然灾异群发期》，安徽教育出版社。 宋正海等《中国古代自然灾异动态分析》，安徽教育出版社。 薛毅、章鼎《章元善与华洋义赈会》，中国文史出版社。 史辅成等编《黄河历史洪水调查、考证和研究》，黄河水利出版社。 水利部长江水利委员会编《长江流域水旱灾害》，中国水利水电出版社。 管志光主编《20 世纪河南重大灾害纪实》，地震出版社。 赵春明等主编《20 世纪中国水旱灾害警示录》，黄河水利出版社。
论文集类	
资料集类	宋正海等《中国古代自然灾异相关性年表总汇》，安徽教育出版社。 钟永恒主编《长江流域自然灾害数据库》，湖北人民出版社。 《陕西历史自然灾害简要纪实》编委会编《陕西历史自然灾害简要纪实》，气象出版社。 西藏自治区档案馆编《灾异志：地震篇》，西藏人民出版社。 火恩杰、刘昌森主编《上海地区自然灾害史料汇编：公元751—1949 年》，地震出版社。

续表

2003 年	
通史类	
断代史类	
区域及专题类	余新忠《清代江南的瘟疫与社会：一项医疗社会史的研究》，中国人民大学出版社。 蔡勤禹《国家、社会与弱势群体：民国时期的社会救济》，天津人民出版社。 中国中医研究院编《中国疫病史鉴》，中医古籍出版社。 史国枢主编《青海自然灾害》，青海人民出版社。
论文集类	
资料集类	史培军主编《中国自然灾害系统地图集》，科学出版社。 刘昌森、火恩杰、王锋编《中国地震历史资料拾遗》，地震出版社。
2004 年	
通史类	
断代史类	陈业新《灾害与两汉社会研究》，上海人民出版社。
区域及专题类	孙绍骋《中国救灾制度研究》，商务印书馆。 王林《山东近代灾荒史》，齐鲁书社。 苏新留《民国时期河南水旱灾害与乡村社会》，黄河水利出版社。 余新忠等《瘟疫下的社会拯救：中国近世重大疫情与社会反应研究》，中国书店。 赖文、李永宸《岭南瘟疫史》，广东人民出版社。 水利部松辽水利委员会编《东北区水旱灾害》，吉林人民出版社。 黄文德《非政府组织与国际合作在中国：华洋义赈会之研究》，台北秀威资讯科技。
论文集类	
资料集类	科技部国家计委国家经贸委灾害综合研究组主编《中国重大自然灾害与社会图集》，广东科技出版社。 于德源编《北京历史灾荒灾害纪年：公元前 80 年—公元 1948 年》，学苑出版社。

续表

2005年	
通史类	
断代史类	
区域及专题类	张文《宋朝民间慈善活动研究》，西南师范大学出版社。 蔡勤禹《民间组织与灾荒救治：民国华洋义赈会研究》，商务印书馆。 汪汉忠《灾害、社会与现代化：以苏北民国时期为中心的考察》，社会科学文献出版社。 于运全《海洋天灾：中国历史时期的海洋灾害与沿海社会经济》，江西高校出版社。 陈桦、刘宗志《救灾与济贫：中国封建时代的社会救助活动（1750～1911）》，中国人民大学出版社。
论文集类	
资料集类	长江水利委员会水文局、长江水利委员会综合勘测局编《长江志：自然灾害》，中国大百科全书出版社。 中国地震局、中国第一历史档案馆编《明清宫藏地震档案》（上卷2册），地震出版社。 施和金等编《江苏农业气象气候灾害历史纪年：公元前190年—公元2002年》，吉林人民出版社。 天津市档案馆编：《天津地区重大自然灾害实录》，天津人民出版社。
2006年	
通史类	
断代史类	
区域及专题类	卜风贤《周秦汉晋时期农业灾害和农业减灾方略研究》，中国社会科学出版社。 卜风贤《农业灾荒论》，中国农业出版社。 朱浒《地方性流动及其超越：晚清义赈与近代中国的新陈代谢》，中国人民大学出版社。 张崇旺《明清时期江淮地区的自然灾害与社会经济》，福建人民出版社。 彭安玉《明清苏北水灾研究》，内蒙古人民出版社。 杨煜达《清代云南季风气候与天气灾害研究》，复旦大学出版社。

续表

2006 年	
区域及专题类	邓铁涛主编《中国防疫史》，广西科学技术出版社。 曹树基、李玉尚《鼠疫：战争与和平——中国的环境状况与社会变迁（1230—1960）》，山东画报出版社。 李汾阳《清代仓储研究》，文海出版社。 ［日］高橋孝助『飢饉と救済の社会史』，青木書店。
论文集类	
资料集类	骆承政主编《中国历史大洪水调查资料汇编》，中国书店。
2007 年	
通史类	
断代史类	
区域及专题类	王文涛《秦汉社会保障研究：以灾害救助为中心的考察》，中华书局。 周致元《明代荒政文献研究》，安徽大学出版社。 周琼《清代云南瘴气与生态变迁研究》，中国社会科学出版社。 任云兰《近代天津的慈善与社会救济》，天津人民出版社。 杨鹏程等《灾荒与赈济：历史上灾荒时期的湖南农民、农村与农业问题》，中国文史出版社。 Lillian M. Li, *Fighting Famine in North China: State, Market, and Environmental Decline, 1690s～1990s*, Standford University Press（［美］李明珠著，石涛、李军、马国英译《华北的饥荒：国家、市场与环境退化（1690—1949）》，人民出版社，2016 年）。
论文集类	赫治清《中国古代灾害史研究》，社会科学文献出版社。 曹树基主编《田祖有神：明清以来的自然灾害及其社会应对机制》，上海交通大学出版社。 李文海、夏明方主编《天有凶年：清代灾荒与中国社会》，生活·读书·新知三联书店。
资料集类	徐泓主编《清代台湾自然灾害史料新编》，福建人民出版社。 北京市地震局、台北“中研院”历史语言研究所编《明清宫藏地震档案》（下卷 2 册），地震出版社。

续表

2008 年	
通史类	袁祖亮主编《中国灾害通史》(8 卷)，郑州大学出版社。
断代史类	段伟《禳灾与减灾：秦汉社会自然灾害应对制度的形成》，复旦大学出版社。 阎守诚主编《危机与应对：自然灾害与唐代社会》，人民出版社。 张艳丽《嘉道时期的灾荒与社会》，人民出版社。
区域及专题类	于德源《北京灾害史》，同心出版社。 杨鹏程等《湖南灾荒史》，湖南人民出版社。 陈业新《明至民国时期皖北地区灾害环境与社会应对研究》，上海人民出版社。 李庆华《鲁西地区的灾荒、变乱与地方应对：1855—1937》，齐鲁书社。 汪志国《近代安徽：自然灾害重压下的乡村》，安徽人民出版社。 李勤《二十世纪三十年代两湖地区水灾与社会研究》，湖南人民出版社。 靳环宇《晚清义赈组织研究》，湖南人民出版社。 薛毅《中国华洋义赈救灾总会研究》，武汉大学出版社。 甄尽忠《先秦社会救助思想研究》，中州古籍出版社。 高建国、宋正海主编《中国近现代减灾事业和灾害科技史》，山东教育出版社。 张泰山《民国时期的传染病与社会：以传染病防治与公共卫生建设为中心》，社会科学文献出版社。 孙语圣《1931·救灾社会化》，安徽大学出版社。 章义和《中国蝗灾史》，安徽人民出版社。 Kathryn Edgerton-Tarpley, *Tears From Iron: Cultural Responses to Famine in Nineteenth-Century China*, University of California Press（[美]艾志端著，曹曦译《铁泪图：19世纪中国对于饥馑的文化反应》，江苏人民出版社，2011 年）。
论文集类	
资料集类	温克刚主编《中国气象灾害大典》，气象出版社。 国家图书馆文献开发中心编《清光绪筹办各省荒政档案》，全国图书馆文献缩微复制中心。

续表

2008 年	
资料集类	古籍影印室编《民国赈灾史料初编》（全六册），国家图书馆出版社。 云南省水利水电勘测设计研究院编《云南省历史洪旱灾害史料实录：1911 年（清宣统三年）以前）》，云南科技出版社。 天水市档案局、天水市地方志办公室编《天水历史上的地震灾害资料汇编》。
2009 年	
通史类	
断代史类	李辉《北朝时期的自然灾害救助研究》，吉林文史出版社。
区域及专题类	杨琪《民国时期的减灾研究：1912—1937》，齐鲁书社。 水利部海河水利委员会编《海河流域水旱灾害》，天津科学技术出版社。 山东省地震局编《20 世纪山东十大地震》，地震出版社。 卢中强主编《韶关自然灾害简史》，珠海出版社。
论文集类	
资料集类	来新夏主编《中国地方志历史文献专集·灾异志》（全 90 册），学苑出版社。 殷梦霞、李强选编《民国赈灾史料续编》（全十五册），国家图书馆出版社。
2010 年	
通史类	
断代史类	石涛《北宋时期自然灾害与政府管理体系研究》，社会科学文献出版社。 蒋武雄《明代灾荒与救济政策之研究》，花木兰文化出版社。
区域及专题类	王培华《元代北方灾荒与救济》，北京师范大学出版社。 赵艳萍《民国时期的蝗灾与社会应对：以 1928—1937 年南京国民政府辖区为中心考察》，广东世界图书出版公司。 李采芹《中国历朝火灾考略》，上海科学技术出版社。 刘昌森等编《上海自然灾害史》，同济大学出版社。
论文集类	周琼、高建国主编《中国西南地区灾荒与社会变迁：第七届中国灾害史国际学术研讨会论文集》，云南大学出版社。 郝平、高建国主编《多学科视野下的华北灾荒与社会变迁研究》，北岳文艺出版社。

续表

2010 年	
资料集类	李文海、夏明方、朱浒主编《中国荒政书集成》(全 12 册),天津古籍出版社。 赵连赏、翟清福主编《中国历代荒政史料》,京华出版社。 白虎志、董安祥、郑广芬编《中国西北地区近五百年旱涝分布图集:1470—2008》,气象出版社。 贾贵荣、骈宇骞编《地方志灾异资料丛刊:第一编》(全 12 册),国家图书馆出版社。 漯河市档案馆编《漯河自然灾害史录》,河南人民出版社。 郯城县地震局编《1688 郯城大地震史料汇编》。
2011 年	
通史类	
断代史类	鞠明库《灾害与明代政治》,中国社会科学出版社。
区域及专题类	李军《中国传统社会的救灾:供给、阻滞与演进》,中国农业出版社。 马俊亚《被牺牲的"局部":淮北地区社会生态变迁研究(1680—1949)》,北京大学出版社。 池子华、李红英、刘玉梅《近代河北灾荒研究》,合肥工业大学出版社。 焦润明、张春艳《中国东北近代灾荒及救助研究》,北京师范大学出版社。 焦润明《清末东北三省鼠疫灾难及防疫措施研究》,北京师范大学出版社。 赵晓华《救灾法律与清代社会》,社会科学文献出版社。 骆振宇《清代渝城(重庆)的火灾与火政》,重庆出版社。
论文集类	高岚、黎德化主编《华南灾荒与社会变迁:第八届中国灾害史学术研讨会论文集》,华南理工大学出版社。 殷晴、田卫疆主编《历史时期新疆的自然灾害与环境演变研究》,新疆人民出版社。 陕西省科技史学会编《中国历史上的自然灾害与应对措施》,陕西旅游出版社。
资料集类	山西省水利厅组编《山西省历史洪水调查成果》(全 6 册),黄河水利出版社。 李德龙主编《云南气候与灾异资料辑录》(全 3 册),学苑出版社。

续表

2012年	
通史类	
断代史类	
区域及专题类	郝平《丁戊奇荒：光绪初年山西灾荒与救济研究》，北京大学出版社。 朱浒《民胞物与：中国近代义赈（1876—1912）》，人民出版社。 赵朝峰《中国共产党救治灾荒史研究》，北京师范大学出版社。 邓宏琴《抗战时期华北的蝗灾与社会应对：1943—1945》，三晋出版社。 夏明方《近世棘途：生态变迁中的中国现代化进程》，中国人民大学出版社。
论文集类	
资料集类	于春媚、贾贵荣编《地方志灾异资料丛刊：第二编》（全三十五册），国家图书馆出版社。 孙之騄著，杨国宜编《明朝灾异野闻编年录——原〈二申野录〉》，安徽师范大学出版社。
2013年	
通史类	
断代史类	刘志刚《天人之际：灾害、生态与明清易代》，中南大学出版社。
区域及专题类	潘明娟《汉唐关中自然灾害的政府应对策略研究》，中国社会科学出版社。
论文集类	
资料集类	谭徐明主编《清代干旱档案史料》（上下册），中国书籍出版社。
2014年	
通史类	
断代史类	么振华《唐代自然灾害及其社会应对》，上海古籍出版社。 李华瑞《宋代救荒史稿》，天津古籍出版社。
区域及专题类	王建华《山西灾害史》（全2册），三晋出版社。 郝平《大地震与明清山西乡村社会变迁》，人民出版社。

续表

2014 年	
区域及专题类	杨向艳《明代潮州的自然灾害与地方社会》，天津人民出版社。 吴媛媛《明清徽州灾害与社会应对》，安徽大学出版社。 叶宗宝《同乡、赈灾与权势网络：旅平河南赈灾会研究》，中国社会科学出版社。 杨明《清代救荒法律制度研究》，中国政法大学出版社。 张高臣《光绪朝灾荒与社会研究》，中国社会科学出版社。 董传岭《晚清自然灾害与乡村社会研究：以山东为例》，中国文史出版社。 文姚丽《民国时期救灾思想研究》，人民出版社。 吕国强、刘金良主编《河南蝗虫灾害史》，河南科学技术出版社。
论文集类	阿利亚·艾尼瓦尔、高建国主编《从内地到边疆：中国灾害史研究的新探索》，新疆人民出版社。
资料集类	
2015 年	
通史类	
断代史类	
区域及专题类	包庆德《清代内蒙古地区灾荒研究》，人民出版社。 王虹波《1912—1931 年间东北灾荒的社会应对研究》，吉林大学出版社。 耿占军、雷亚妮等《清至民国陕西农业自然灾害研究》，中国社会科学出版社。 赵艳萍、黄燕华、吴理清《环境史视野下的明清广东自然灾害问题研究》，南方日报出版社。 韩毅《宋代瘟疫的流行与防治》，商务印书馆。 杨鹏程等《湖南疫灾史：至 1949 年》，湖南人民出版社。
论文集类	赵晓华、高建国主编《灾害史研究的理论与方法》，中国政法大学出版社。
资料集类	于福江、董剑希、叶琳等《中国风暴潮灾害史料集：1949—2009》（上下册），海洋出版社。
2016 年	
通史类	

续表

2016 年	
断代史类	赵玉田《环境与民生：明代灾区社会研究》，社会科学文献出版社。
区域及专题类	李朝军《宋代灾害文学研究》，中国社会科学出版社。 董煜宇《两宋水旱灾害技术应对措施研究》，上海交通大学出版社。 陈旭《明代瘟疫与明代社会》，西南财经大学出版社。 余新忠《清代卫生防疫机制及其近代演变》，北京师范大学出版社。 于春英《清代东北地区水灾与社会应对》，社会科学文献出版社。 邵侃《农稷不绝：历史自然灾害与农业技术选择》，民族出版社。 何志宁等：《世纪之灾与人类社会：1900—2012 年重大自然灾害的历史与研究》，人民出版社。 杜俊华《20 世纪 40 年代重庆水灾救治研究》，重庆大学出版社。
论文集类	
资料集类	赵超《宋代气象灾害史料（诗卷）》，科学出版社。
2017 年	
通史类	
断代史类	
区域及专题类	邹文卿《明清山西自然灾害及其防治技术研究》，中国科学技术出版社。
论文集类	
资料集类	张敏杰主编《中华大典·农业典·农业灾害分典》（全 2 册），河南大学出版社。 夏明方选编《民国赈灾史料三编》（全 36 册），国家图书馆出版社。 张鹏程、张登高主编《宿州地域自然灾害历史大事记》，合肥工业大学出版社。

续表

2018 年	
通史类	
断代史类	
区域及专题类	卜风贤《历史灾荒研究的义界与例证》，中国社会科学出版社。 吴四伍《清代仓储的制度困境与救灾实践》，社会科学文献出版社。 于虹编《北京灾害史略》，北京出版社。 张志强、刘金良、寇奎军主编《沧州蝗虫灾害史》，中国农业出版社。
论文集类	夏明方、郝平主编《灾害与历史》（第一辑），商务印书馆。
资料集类	

跋

这本访谈录的出版，首先要感谢张龙编辑。2011 年我们相识之时，他正在北京大学攻读博士学位，研究方向与我同为唐代灾害，相同的研究旨趣使我们有着推动灾害研究的共同理想与热情。2017 年是邓拓先生出版《中国救荒史》80 周年，有感于邓先生撰写《中国救荒史》的开拓性贡献，同时为了总结 80 年来灾害史的研究现状，展望未来的研究趋势，我筹划邀约学者进行一个系列访谈。这一想法得到张龙兄的大力支持，之后我们共同商讨、一一落实了访谈的诸多细节。

还要感谢各位访谈专家的参与，我们的访谈多采取面谈方式，部分约谈时间因故调整，致使出版延期，在此向各位专家深表歉意！此次系列访谈是我以黄河文明研究所名义开展的活动，2019 年该所调整，我调往其他单位，也尴尬地成为最后一任所长。访谈录的出版，算是我为这个成立 15 年的机构所做的最后一件工作。宋史大家程民生教授是我所第一任所长，所以我特意恳请他做序。程教授一般只为弟子写序，此次有感于我接续传承的学术情怀，慨然应允，百忙之中惠赐序文。访谈是我自筹经费开展的项目，所以尤其要感谢访谈组成员赵玲、徐清、王晋文，不辞辛劳、不避寒暑、不计报酬，与我奔波于上海、北京、西安等地，并认真整理校对文稿。另外，本书的出版也得到河南大学黄河文明与可持续发展研究中心、黄河文明省部共建协同创新中心和历史文化学院三家单位的资助，在此予以说明。

每一次访谈，都是走进学者思想深处的机会。每一次交流，都能触动我对学者人生经历与学术情怀的沉思。翻阅本书，您会发现受访专家对某些问题所持观点并不相同，这表现出灾害史研究仍有许多需要继续探索的领域。访谈内容不仅是学者对灾害史研究的回顾与展望，也是他们研究历程的口述史记录。多年以后，我们再次回望灾害史研究，仍能看到他们黎元为先、探赜索隐的不懈追求。

灾难永远在人类忽视时来临，在重视时败退。访谈录出版之时，恰逢新冠肺炎肆虐。不过我们历时三年的访谈，只是单纯的学术回顾与展望，没有任何抢抓热点之意。在这里我们反而要强调人类与灾害的关系是事关生存发展的永恒命题，它一直都应是学者关注的“热点”。“后人哀之而不鉴之，亦使后人而复哀后人也。”所以真诚期望所有人在灾害面前，莫存侥幸心理、切勿一时热度，更不能疮好忘痛，而应居安思危、常怀忧患，方可备患于未形、治之于未乱。

闵祥鹏

2020年3月3日凌晨于汴